JN261231

地球環境と内生的経済成長

―― マクロ動学による理論分析 ――

伊ヶ崎大理 著

九州大学出版会

はしがき

「自然は先祖からの贈り物ではなく，子孫からの借り物である。」

これは，ネイティブアメリカン，ナバホ族の言い伝えである。

いまや前世紀となった20世紀は「科学技術の世紀」といわれたように，様々な技術進歩，イノベーションが生じ，科学技術が飛躍的に発展した世紀であった。これによって，人々の生活水準が飛躍的に改善される一方，環境汚染，地球温暖化，資源枯渇の危機などの環境問題が深刻化した。現在，このような深刻化した環境問題によって，我々人類は未曾有の危機にさらされている。

現在の経済システムを続ける限り，地球環境の劣化は致命的なものとなり，多くの生命体は種の存続が不可能となるであろう。その一方で環境のみを守れば，問題が解決するというわけでもない。世界の中には，未だに貧困の問題に苦しんでいる国も多く，そのような国においては，未来の環境よりも明日のパンを心配しなければならないという現実がある。したがって，我々は，子孫からの借り物である環境を守り，将来世代を犠牲にすることなく，現代世代の問題を解決するという困難な課題を克服しなければならない。そのためには，結局のところ，経済と環境問題がどのようにかかわっているのかをしっかりと把握し，環境保護と経済発展を両立させるという「持続可能な発展」を実現する以外に道はないように思われる。

本書は，持続可能な発展をいかに成し遂げるべきかということを経済成長理論の立場から論じたものである。持続可能な発展という問題にある方向から光を当てた本書によって，これに関連した諸問題に対するすべての答えを提示できるはずもないが，経済と環境を論じる上で，本書がある一定の役割

を果たすことができれば望外の喜びである。

本書は筆者の大学院時代の研究成果をまとめた博士論文である『地球環境と内生的経済成長——マクロ動学による理論分析——』を出版したものである（ただし，一冊の刊行物として出版するため，より読みやすくなるように，若干の加筆・修正を行った）。論文提出から出版までに約3年の歳月を要したため，最新の研究動向について論じることができなかったのは若干の心残りである。

筆者が研究をこれまでまがりなりにも続けてこられたのは，多くの方々の御指導・御鞭撻があったからである。九州大学大学院経済学研究院教授の大住圭介先生には学部在学中から現在まで温かい御指導をいただいている。筆者が経済成長理論を勉強するようになったのは，筆者が大学院に入学する約半年前より，大住先生を中心に行っていた Grossman and Helpman "Innovation and Growth in the Global Economy"（MIT Press, 1991）の研究会に参加したことがきっかけである。当時，大住先生を監訳者として同書の日本語訳を出版するという話が進んでおり，研究会は翻訳文の検討会も兼ねたものであった。この研究会は，筆者に経済成長理論の面白さを教えてくれ，その後の研究を行う上での様々な基盤を与えてくれた。その後，従来から興味のあった環境問題を経済成長理論の中に組み入れた研究を行うようになり今日に至っている。

細江守紀先生（九州大学大学院経済学研究院教授），藤田敏之先生（九州大学大学院経済学研究院助教授），三浦功先生（九州大学大学院経済学研究院助教授）には，学位論文作成にあたって，指導教官であった大住先生とともに絶えず助言をいただいた。

本書の下地には，これまでに筆者が書いてきたいくつかの論文がある。それらの論文を作成する際，論文を学会，種々の研究会やセミナーなどで報告する際には，言い尽くせないほどの様々な先生方，大学院生の方より温かいコメントやサジェッションをいただいた。

今後とも真摯に自らの仕事に邁進することによって，これまで御指導いただいてきたすべての方々に，少しでも恩返しができればと思っている。

九州大学出版会編集部の藤木雅幸氏および永山俊二氏には，本書の編集から刊行にいたるまで，ご尽力いただいた。この場を借りて感謝したい。
　最後に，本書刊行にあたり，熊本学園大学出版会の助成を受けた。ここに付記して感謝申し上げたい。

　2003年冬

伊ヶ崎　大理

目　次

はしがき …………………………………………………………… i

第1章　序　　論 ………………………………………………… 1

1.1　本書の目的と構成 ………………………………………… 1
1.2　持続可能な成長と経済成長理論 ………………………… 5
1.3　ソロー＝スワンの成長モデル …………………………… 6
1.4　内生的な貯蓄率 …………………………………………… 7
1.5　経済成長のプロセスにおける定型化された事実と
　　 内生的経済成長 …………………………………………… 8
1.6　持続的成長と環境問題 …………………………………… 11

第2章　内生的経済成長理論 I ………………………………… 13
　　　　――バラエティー拡大モデル――

2.1　はじめに …………………………………………………… 13
2.2　R&Dを伴う経済成長モデル …………………………… 15
2.3　定常状態均衡 ……………………………………………… 25
2.4　社会的最適状態 …………………………………………… 28
2.5　産業政策 …………………………………………………… 33
2.6　おわりに …………………………………………………… 35
2.7　補論：定常状態の局所的安定性 ………………………… 37

第 3 章　内生的経済成長理論 II　……… *41*
── 品質上昇モデル ──

3.1　はじめに　………………………………………… *41*
3.2　品質上昇と創造的破壊　…………………………… *43*
3.3　長期均衡　…………………………………………… *53*
3.4　厚生　………………………………………………… *57*
3.5　政府の政策　………………………………………… *62*
3.6　おわりに　…………………………………………… *64*
3.7　補論：定常状態の局所的安定性　………………… *65*

第 4 章　経済成長理論における環境問題　……… *69*

4.1　はじめに　…………………………………………… *69*
4.2　Stokey モデル　……………………………………… *71*
　4.2.1　静学モデル　………………………………… *71*
　4.2.2　動学モデル　………………………………… *77*
　4.2.3　外生的な技術進歩　………………………… *80*
　4.2.4　市場経済と環境政策　……………………… *82*
4.3　環境保護に対する投資を伴うモデル　…………… *88*
　4.3.1　生産関数が新古典派的であるケース　…… *89*
　4.3.2　AK モデル　………………………………… *90*
　4.3.3　生産性の上昇を伴う場合　………………… *90*
4.4　おわりに　…………………………………………… *91*
4.5　補論：シャドー・プライスの挙動　……………… *93*

第 5 章　イノベーション，環境政策と内生的経済成長　……… *97*

5.1　はじめに　…………………………………………… *97*
5.2　環境の外部性を伴う内生的経済成長モデル　…… *98*
　5.2.1　Stokey モデルと環境クズネッツ曲線　…… *98*
　5.2.2　市場経済における基本モデル　……………*103*
　5.2.3　定常状態均衡　………………………………*107*

5.2.4 経済政策と環境政策 ………………………………… 108
5.3 環境保護への投資が存在するケース ……………………… 110
　5.3.1 基本モデル ……………………………………………… 110
　5.3.2 長期的な成長率と汚染量との関連 ………………… 112
　5.3.3 市場経済における外部性の影響と社会的最適状態 ………… 115
　5.3.4 政 策 介 入 ……………………………………………… 117
5.4 お わ り に ……………………………………………… 120
5.5 補論1：成長率の導出 ………………………………………… 122
5.6 補論2：成長促進的な政策が汚染量に与える影響 …………… 124

第6章　ネオ・シュンペータリアン・モデルにおける 環境の外部性 …………………………………………… 125

6.1 は じ め に …………………………………………………… 125
6.2 環境汚染の外部性を伴う品質上昇モデル …………………… 126
　6.2.1 モデルの設定 …………………………………………… 126
　6.2.2 汚染税が存在するケース ……………………………… 131
　6.2.3 汚染の動学的挙動と持続可能な成長 ………………… 133
　6.2.4 ポリシー・ミックス …………………………………… 135
6.3 Gradus＝Smulders モデルと創造的破壊 …………………… 135
　6.3.1 Gradus＝Smulders モデルの基本的な設定 …………… 136
　6.3.2 長 期 均 衡 ……………………………………………… 138
　6.3.3 社会的な厚生 …………………………………………… 140
　6.3.4 市場経済のもとでの最適な政策 ……………………… 142
6.4 お わ り に ……………………………………………… 145
6.5 補論：成長率の導出 …………………………………………… 147

第7章　人的資本と環境汚染の外部性を伴う経済成長モデル　149
　　　　── 公害型汚染と環境ホルモン型汚染 ──

7.1 は じ め に ……………………………………………… 149
7.2 人的資本を伴う経済成長モデル（Uzawa-Lucas モデル）…… 150

7.3	公害型汚染を伴う経済成長モデル	155
7.4	環境ホルモン型汚染を伴う経済成長モデル	159
7.5	おわりに	162
7.6	補論：種々のモデルにおける成長率の導出	164

第8章　越境汚染と国際的な協調　167

8.1	はじめに	167
8.2	静学による分析	170
	8.2.1　モデルの設定	170
	8.2.2　国際的な協調が存在しないケース	172
	8.2.3　国際的な協調を伴うケース	173
	8.2.4　国際的な協調がなされるための諸条件	178
8.3	動学による分析	181
	8.3.1　基本モデル	181
	8.3.2　国際的な協調が存在しないケース	182
	8.3.3　国際的な協調を伴うケース	183
	8.3.4　国際的な協調がなされるための諸条件	187
8.4	市場経済における汚染の外部性と国際的な環境政策	187
8.5	おわりに	190
8.6	補論：不等式の証明	191

第9章　汚染ストックを伴うモデル　193

9.1	はじめに	193
9.2	蓄積可能な汚染を伴うモデル	194
9.3	技術進歩が内生的である場合	197
	9.3.1　基本モデル	197
	9.3.2　各経済主体の行動	201
	9.3.3　定常状態均衡	203
9.4	汚染ストックと品質上昇モデル	205
	9.4.1　汚染ストックの外部性	205

	9.4.2　分権経済	208
	9.4.3　汚染ストックと経済成長率との関連性	211
9.5	おわりに	212
9.6	補論：成長率の導出	213

第10章　持続可能な成長における教訓 … 219

10.1	持続的な成長を可能にする要因	219
10.2	国民所得と環境汚染の水準との関連性	220
10.3	効率的な政府政策	221
10.4	新たなタイプの汚染の出現とそれが経済成長に与える影響	222
10.5	環境汚染における国際的な問題	223
10.6	今後の課題	224
	10.6.1　循環型社会	224
	10.6.2　貿　易	225
	10.6.3　環境保全のためのR＆D	225
	10.6.4　より複雑なモデル	226
	10.6.5　様々な指標	226

参　考　文　献 … 229

索　　　引 … 235

第1章

序　　論

1.1　本書の目的と構成

　本書の目的は，環境問題を内生的経済成長モデルの枠組みの中に組み入れ，環境汚染と経済成長との動態的な関連性や種々の政策的インプリケーションを考察することである。環境汚染は近年深刻になっており，直接的・間接的に人々の厚生水準に大きな影響を及ぼしている。したがって，経済成長が持続可能かどうかを検討する際に，環境という問題は重要な要因となってくる。従来の経済学においては，環境汚染という負の側面と経済成長の関連について充分な分析がなされてこなかった。本書では，この問題を取り扱うことができるような動態的なフレームワークを構築し，従来の先行研究においては解明されなかった種々の論点を明らかにしていく。

　第1章の次節以降では持続可能な成長の意義やこれについて議論してきた先行研究の問題点，環境の外部性を取り入れることの必要性を説明し，本書の位置づけを明らかにする。

　第2章と第3章では本書の議論の基礎となる内生的成長論が展開される。第2章では利用可能な財の数を増加させるようなイノベーションを検討する。これは Romer (1990)，Grossman and Helpman (1991, ch.3)，Barro and Sala-i-Martin (1995, ch.6) 等によって導入されてきたものである。第3章では利用可能な財の数ではなく所与の製品の品質上昇に焦点が当てられる。これは，Aghion and Howitt (1992)，Grossman and Helpman (1991, ch.4)，Barro and Sala-i-Martin (1995, ch.7) 等によって展開されてきた

ものである．第2章と第3章のモデルは，新古典派成長モデルにおいて外生的に与えられていた技術進歩がR＆D活動を通して内生化されたものとみなすことができる．新古典派成長モデルにおいて，外生的な技術進歩が経済成長を持続可能にするために重要な役割を果たしたように，第2章および第3章ではイノベーションが経済成長を持続可能にする際に重要な役割を果たす．

　第4章では環境問題がモデルの中に導入される．ここでは2種類の異なったモデルを検討する．1つは，Stokey（1998）によってもたらされたものであり，環境汚染に対する規制や省エネ活動といったものに焦点を当てる．もう1つは環境保護活動に対して投資を行うようなモデルであり，Gradus and Smulders（1993）によって提示されたものである．第4章においては生産性の上昇をもたらす技術進歩は完全に外生的なものとして取り扱われる．そのため，持続可能な成長のための条件は，新古典派の成長モデルにおけるものとほとんど同じとなる．すなわち，資本蓄積だけでは成長は持続可能ではない．外生的な技術進歩が存在する場合には経済は長期にわたって正の率で成長しうる．興味深いことに，外生的な技術進歩が存在する場合には，たとえ汚染の外部性がある場合においても，経済成長は持続可能となる．ただし，汚染に対する政策（規制政策や環境汚染物質に対するピグー税等の税政策）の結果，成長率そのものは若干低下することになる．

　第5章および第6章では第2章や第3章において検討されたモデルに対して環境問題を統合することによって，第2章や第3章のモデルを拡張する．一般に環境汚染は外部性と深く関わっている．外部性が存在する場合には，市場の歪みを是正するための政府による政策介入が正当化される．政府は各経済主体に社会的費用を内部化させるような政策を行い，この結果，社会的に最適な状態が実現される．社会的に最適な環境政策をいかに施行するかということは本書の重要な主題の1つである．第5章と第6章では，環境問題の多くが異時点間の影響をもつという事実を反映させるため，動学モデルを用いて環境政策のあり方について検討していく．ここでは，環境の外部性を各経済主体が内部化するような政策（具体的には企業が排出するような汚染

に対して税を課す，あるいは排出許可証を発行する政策）が必要となることを主張する。この2つの章によって第4章においてもたらされた持続可能な成長のための要因が完全にモデルの中で決定されることになる。

　第7章では人的資本が理論的フレームワークの中に導入される。人的資本は人間に体化された知識や熟練技術であり，効率単位で測った労働量と解釈することもできる。人的資本が増加するとは，具体的には学校教育や職能教育，様々な経験等によって労働者の技能が上昇したり，健康水準が改善したりすることである。これによって生産性が上昇する。人的資本に関する議論は Schultz（1961）等によってなされてきたが，経済成長モデルの中に取り入れることは Uzawa（1965）や Lucas（1988）等によって行われた[1]。第7章では，人的資本を用いた成長モデルに対して環境の外部性を加えることによって，環境の外部性が人的資本の蓄積や長期的な成長率に与える影響を検討する。本書の第4章から第6章までの章では，環境汚染は直接人々の生活水準や厚生水準に対して影響を与えると仮定している。これは，暗黙のうちに環境汚染を大気汚染や水質汚濁等の公害をもたらすようなものであると設定している。これに対して第7章では，第4章から第6章までの章で取り扱われたような汚染だけではなく，人々の生殖能力，教育部門における生産性等のようなものに対して，目には見えない形で間接的に影響を与えるような汚染や廃棄物[2]をも導入する。このような2つの汚染が経済成長率に与える影響の大きさについて比較・検討していく。

　第8章では第4章から第7章までの章で展開されたモデルを国際的なものへと拡張する。多くの環境汚染物質は今や国際的な影響力をもつ。国境を越えて影響を及ぼすような汚染（いわゆる越境汚染）が存在する場合には，環

　1）Maddison（1995）は，1820-1992年の一人当たりの人的資本量の変化を検討している。Maddison（1995）は，人的資本量を初等教育，中等教育，高等教育ごとに教育年数をウエートづけした教育の総ストック量として定義しており，この定義によると一人当たりの人的資本量は日本やアメリカでこの期間に約10倍，イギリスでは約7倍になっている。その他にも Barro and Sala-i-Martin（1995, ch.12）が就学率等を用いて人的資本に関する実証分析を行っている。

　2）具体的には環境ホルモンのようなものをイメージできるであろう。

境問題や環境政策を国際的な視野で取り扱う必要が生じてくる．特に注目されるのは先進国と発展途上国が協調して排出物削減を行うという状況である．一般的には，先進国には相対的に資金力や技術力はあるが，省エネ技術が進んでいるため省エネ活動をある程度行っている，あるいは既に汚染に対する規制が厳しいといった状況にあるため，さらなる排出物の削減にかかるコストは相対的に高い．一方，発展途上国では老朽化した施設を用いて生産活動を行っている，あるいは財の消費がより優先されるため汚染に対する規制や省エネ活動などを行っていない等の理由で排出物削減コストは相対的に安い．したがって，先進国が資金や技術を提供し，発展途上国において排出物削減を行うことで両国の経済厚生を改善することが可能であるかもしれない．そこで，国際的な協調によって各国の厚生水準をさらに改善することができるのかどうかということやそのような協調が成立するための諸条件について検討する．

第9章では環境汚染の外部性が第4章から第8章までの章とは異なった形でモデルの中に導入される．本書を通じて環境問題は汚染がもたらす負の外部性という形で取り扱われるが，どのような形で汚染をモデルの中に導入するかという問題は依然として残っている．第4章から第8章では，各期において排出される汚染のフロー量が厚生水準や要素蓄積に対して負の影響を及ぼすことが仮定されている．これに対して第9章では，汚染のストック量が厚生水準に負の影響を与えると仮定している．このような定式化は各期における環境水準がその前の期までの種々の経済活動に依存するという事実を反映させるためである．第9章のモデルは第4章から第8章までのモデルを一般化したものである．しかしながら，ここでもたらされる帰結は第4章から第8章までの章で得られた結果と類似している．特に汚染の動学的挙動と経済成長率の関係，最適な経済政策・環境政策，経済成長が持続可能となるための条件等，本書の主要な論点における帰結はほぼ同じであるということが示される．最後に第10章では本書で得られた種々の結論をまとめる．なお，本書の構成についての概略図は以下の図1.1によって与えられる．

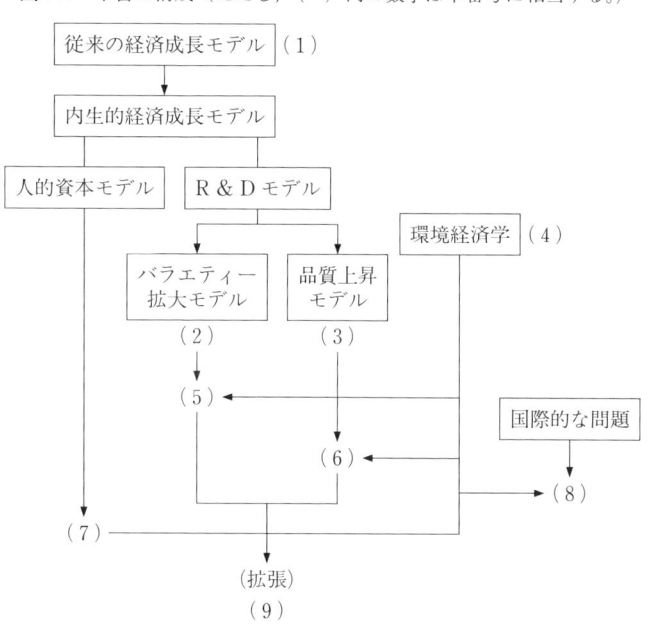

図 1.1 本書の構成（ただし，(　)内の数字は章番号に相当する。）

```
        従来の経済成長モデル (1)
              ↓
        内生的経済成長モデル
           ↓         ↓
      人的資本モデル   R&Dモデル            環境経済学 (4)
                    ↓    ↓
              バラエティー  品質上昇
              拡大モデル   モデル
               (2)      (3)
                ↓        ↓
               (5)←──────┤
                         ↓
                        (6)←──────  国際的な問題
                                        ↓
                                       (8)
        (7)         (拡張)
                    (9)
```

1.2 持続可能な成長と経済成長理論

経済成長が持続可能かどうかは経済理論における主要な論点の1つである。従来の経済成長理論において特に重要視されてきたことは，経済成長率が長期にわたってプラスに維持されうるのかどうかということである。これは一国において好不況，景気循環などによってもたらされる短期的な経済状態の変化よりも，長期的にみた経済成長率がその国の居住者の生活水準に対して大きな影響を与えるという考えにもとづいている。例えば，実質 GDP が年率で平均 2 ％の割合で成長し続けた場合，35 年で GDP は約 2 倍となる。同じ期間に 3 ％の割合で成長しつづけた場合 GDP は約 2.8 倍となり，1 ％である場合には約 1.4 倍となる。これは Barro and Sala-i-Martin (1995) でより詳細に検討されている。Barro and Sala-i-Martin (1995) は 1870-1990 年の間，年率 1.75 ％で成長してきたアメリカ合衆国の成長率が，同じ期間

にそれよりも1％低い0.75％で成長し続けた場合には，同国の国民一人当たりの所得は1990年においてパラグアイと同程度にしかなっていないと指摘している。このことは，経済成長率を高い率で維持し続けることができるかどうかが，長期的にはその国の経済状態の決定的な要因となるということを示唆している。本書の目的の1つは，長期的な経済成長率がどのような要因によって決定されるのかということや経済成長がどのような状況で持続可能になるのかということを明らかにすることである。

1.3 ソロー＝スワンの成長モデル

議論を進める前に，まずは経済成長理論における種々の先行研究を紹介しておくことにしよう。経済成長理論において大きな役割を果たしたモデルの1つにSolow (1956) やSwan (1956) によって導入されたモデルがある。本書の以下の部分ではこのモデルをソロー＝スワンの成長モデルと呼ぶことにする。Solow (1956) やSwan (1956) は新古典派の生産関数[3]をもとに，家計が常に一定の貯蓄率をもつものと仮定して，経済の動学的挙動を検討している。一人当たりの資本ストック量が十分に小さい場合には，資本の限界生産物が十分に大きく，一人当たりの所得や資本の成長率は正となる。一人当たりの資本ストック量がある一定以上になると，資本の限界生産物が十分

---

[3] 最終財が資本ストックと労働によって生産されるものとしよう。そして，生産関数を $F(K, L)$ とおく。新古典派の生産関数は以下のような特徴をもつ。

$$\frac{\partial F}{\partial K} > 0, \frac{\partial^2 F}{\partial K^2} < 0,$$

$$\frac{\partial F}{\partial L} > 0, \frac{\partial^2 F}{\partial L^2} < 0,$$

$$\lim_{K \to 0} \frac{\partial F}{\partial K} = \lim_{L \to 0} \frac{\partial F}{\partial L} = \infty,$$

$$\lim_{K \to \infty} \frac{\partial F}{\partial K} = \lim_{L \to \infty} \frac{\partial F}{\partial L} = 0.$$

このうち下の2つはInada (1963) にもとづき稲田条件と呼ばれている。また任意の $\lambda > 0$ に対して

$$F(\lambda K, \lambda L) = \lambda F(K, L).$$

に小さくなるため,長期的には一人当たりの所得の成長率はゼロに収束するという帰結がもたらされる。しかしながら,一人当たりの所得が長期的に一定となるという帰結は現実のデータとは相容れない(この点は後に改めて議論する)。この欠点は,技術進歩を導入し,それによって生産性が絶えず上昇するようにモデルを修正することによって是正することができる。その一方で,技術進歩を新たに導入した場合には,どのようなメカニズムでそれが生じるかということを明らかにしなければならないが,それについては十分な分析がなされてこなかった。ソロー＝スワンの成長モデルは経済発展のメカニズムにおける重要な要因を指摘し,経済理論に対して大きな貢献をしたのであるが[4],貯蓄率が一定という極端な仮定や経済成長が持続可能となるためには外生的な技術進歩が生じなければならないといった問題点も存在していた。したがって,経済成長のメカニズムをより明確にするためにはこの2つの問題点を明らかにしていかなければならない。

1.4　内生的な貯蓄率

ソロー＝スワンの成長モデルにおける1つの重要な問題点は,貯蓄率が外生的に一定な率で与えられていたという点である。すなわち,各家計は各期において生産した財のうち,常にある決まった一定の割合を消費し,残りを貯蓄するという仮定がなされていた。しかしながら,現実には家計の貯蓄率が通時的に一定であるという仮定は少し極端すぎるように思われる。Cass (1965) や Koopmans (1965) は,Ramsey (1928) 同様,無限に生存する家計を導入し,この欠点を是正することを試みた。そして,家計が異時点間の予算制約のもとで効用を最大化するように消費と貯蓄に関する意思決定を行うような状況を検討している。このような設定を行うと,貯蓄率は家計の意思決定によって決定されるため,ソロー＝スワンの成長モデルにおける貯蓄率一定という極端な仮定は緩和されることになる。しかしながら,Cass

---

　4)　このようなモデルの実証研究としては Mankiw *et al.* (1992) を参照せよ。

(1965) やKoopmans（1965）によって導入されたモデルにおいても，ソロー＝スワンの成長モデルにおけるもう1つの欠点——すなわち外生的な技術進歩が存在しない場合には，長期的には経済成長が止まってしまうという問題——は解消されなかった。すなわち，この点はソロー＝スワンの成長モデルにおける帰結とほとんど変わらなかったのである。Cass（1965）やKoopmans（1965）のモデルでは，家計の最適な行動はモデルの中で内生的に決定されるようになったものの，持続可能な成長の要因を内生的に示すことは依然としてできなかったのである。

1.5　経済成長のプロセスにおける定型化された事実と内生的経済成長

ここで，新古典派の成長モデルと実際の経済成長のプロセスとの関係について議論することにしよう。この関係を調べることによって，新古典派の成長モデルにおけるどのような点を修正していくべきかが一層明らかになるであろう。経済成長におけるいくつかの特徴を指摘したものとしてはKaldor（1961）が有名である。Kaldor（1961）は以下のような経済成長のプロセスにおける定型化された事実を指摘している。

1．一人当たりの産出量は長期的に成長し，しかも成長率は低下傾向を示してはいない。
2．労働者一人当たりの物的資本は長期的に成長している。
3．資本の収益率はほぼ一定である。
4．産出量にたいする物的資本の比率は，ほぼ一定である。
5．国民所得における労働と物的資本の分配率はほぼ一定である。
6．労働者一人当たりの産出量の成長率は国家間に非常に大きな差違が存在している。

なお，Barro and Sala-i-Martin（1995）は上の3で示された収益率が一定

であるという主張に対して異議を唱えている。Barro and Sala-i-Martin (1995) は Barro (1993) をもとに収益率が一定というのはある特定の国（大英帝国）におけるものであり，アメリカ合衆国や韓国，シンガポール等のデータを検討すると，資本の収益率は長期的に一定というよりは，むしろ経済発展が生じるにつれて低下する傾向があると主張している。すなわちBarro and Sala-i-Martin (1995) によれば，上記の1，2，4，5，6は妥当であるが3は以下のように置き換えられるべきであるということになる。

3′．経済が発展するにつれて収益率は低下する傾向がある。

新古典派の成長理論を前提として先にあげた6つの定型化された事実を検討することにしよう。1，2，3の記述は伝統的な新古典派の成長理論を前提とする限り，必ずしも両立しえないもののように思われる。通常の新古典派的な生産関数では，資本の収益率は一人当たりの資本ストックの増加とともに減少する。すなわち，2と3の両立は困難である。3の代わりに3′を採用した場合はどうであろうか。一人当たりの資本ストックが十分に大きくなった結果，資本の収益率は低下する傾向にあるという事実は2と3′について整合的である。ところが，資本の収益率が十分に低下すると，最終的な経済成長率はゼロへと収束するというのが通常の新古典派的な生産関数を採用している成長モデルの結論である。一方，1は経済成長が持続可能となりうるということを意味している。この場合，2と3′は両立するが，それらと1は必ずしも整合的な結果をもたらさない。この矛盾を解決するためには，一人当たりの資本ストックが増加しても，何らかの要因で収益率が十分に高い値に維持されるようにモデルを拡張しなければならない。この場合には，長期的にも経済は正の率で成長することになるであろう。新古典派の成長モデルでは，外生的な技術進歩によってこの要因を説明しようとしたのである。

4や5については新古典派の典型的な生産関数，例えば以下のようなコブ＝ダグラス型の生産関数を考えてみよう。

$$Y = AK^{\alpha}L^{1-\alpha}.$$

ただし，Y は産出量，A は生産性のパラメータ，K は資本ストック量，L は労働投入量，α はパラメータであり，$0<\alpha<1$ とする。資本ストックと労働を本源的な生産要素として財の生産が行われる。この場合，α は分配面から見た資本への配分となる。したがって，このような生産関数を仮定する限り 4，5 はみたされることになる。

6 の産出量の成長についてはどうであろうか。先に指摘されたように技術進歩が存在しないような状況では，経済成長が長期的にはゼロとなる。したがって，新古典派の成長モデルを前提とする限り，技術進歩が存在しない場合には，国家間における成長率の差異は国家間の特性というよりはむしろ長期的に収束していく水準に対して経済がその時点においてどこに位置しているかということに依存する。また外生的な技術進歩を伴うような新古典派モデルでは，経済成長率は完全に外生的な技術進歩率に依存することが指摘されている。すなわち国家間の相違は経済モデルの中で内生的に説明されるのではなく，初期の段階でパラメータとして設定した技術進歩率によって表されることになる。このため，経済成長率が国家間において異なっているという理由を理論モデルの中で適切に説明することはできないのである。

上で指摘されたいくつかの問題点は，新古典派の成長モデルにおける種々の問題点を修正し，新古典派モデルと経済成長における定型化された事実との乖離の間を埋める理論モデルを構築しなければならないということを意味している。言い換えると経済成長を決定する重要な要因として指摘されている技術進歩がどのようにして生じるのかという点を明らかにしなければならない。これをモデルの中で解明することができれば，新古典派モデルにおける問題点や経済成長における定型化された事実の 1，2，3，6 というものが理論モデルの中で適切に説明されることになるであろう。

新古典派の成長モデルにおけるこのような欠点を是正し，経済成長を促進する種々の要因や長期的成長率をモデルの中で内生化することに成功した理論は内生的経済成長理論と呼ばれている。この理論は Romer (1986) には

じまり1980年代後半から発展してきた。新古典派の成長理論を検討した結果，導き出される1つの重要な問題点は，要素蓄積がその要素の限界生産性を低下させるため，経済成長率がゼロへと収束するという点である。逆に言うと，長期的に経済が成長していくためには技術進歩等によって生産性の上昇が生じることが必要である。内生的経済成長理論は生産性の上昇をもたらすようなものとして主に2つのものに注目している。1つはR＆D等によってもたらされるイノベーションであり，もう1つは人的資本の増加である。本書では，第2章，第3章，第7章の1節においてR＆Dや人的資本を導入した内生的経済成長理論を詳細に取り扱うことにし，ここではそのような理論が近年の経済成長理論において極めて重要な役割を果たしているということを指摘しておくにとどめる。

1.6 持続的成長と環境問題

内生的経済成長理論は経済成長の要因を内生化することや経済成長における定型化された事実の多くを理論モデルのなかで説明することに成功した。特に経済成長が持続可能になりうることをモデルの中で説明し，理論経済学の分野において多大な貢献をした。この理論においても従来の経済成長理論と同様，経済成長が持続可能かを論じる際には研究活動や人的資本の蓄積がもたらす生産性の上昇などの純粋に経済的な側面に焦点が当てられていた。

経済成長を長期的に持続可能なものにするために考慮すべき重要な問題の1つに現在環境問題が急速にクローズアップされてきている。環境問題が深刻になっている現在では，21世紀の経済発展の持続可能性を考察する場合，環境上の制約も考慮しなければならないであろう。環境問題には，公害・森林破壊・資源の有限性といった従来から議論がなされているものに加え，近年，特に焦点が当てられている地球温暖化問題なども含まれる。これらのものは直接的，間接的に人々の厚生水準に大きな影響力をもつものであり，近年一層深刻になりつつあるため，将来にわたって経済発展が持続可能かどうかを検討する際に決して軽視することができない。例えば，経済企画庁（現，

内閣府)の「循環型経済社会推進委員会」は現状の廃棄物処分量が続いた場合，GDPは2010年からマイナスに転じ，2020年のGDPは約360兆円程度になると予測した。これは廃棄物処理にコストがかかり経済効率が悪化するためである。資源の再処理や廃棄物処理の高度化等により2010年に廃棄物の最終処分量を半減させることができれば2020年まで年1.5％程度の成長率が達成できるとしている[5]。

　従来の経済学では，環境問題は重要であるにもかかわらず，あまり重視されてこなかったように思われる[6]。現在環境問題を経済学の理論的フレームワークの中に取り入れた研究は十分になされているとはいえず，分析対象も限定されている。したがって，これまでの経済学の中では十分な分析がなされてこなかった問題を積極的に考慮に入れるようなモデルを構築することによって，持続的成長を可能にするための経済政策や環境政策の提言や経済システムのあり方を追究していくことが必要となる。以下の議論によって，経済成長を将来にわたって持続可能なものにしていくためには，これまでの経済学において指摘されてきたような経済政策同様，適切な環境政策もまた極めて重要であることや適切な環境政策がどのようなものであるかということが明らかになるであろう。

---

5) 日本経済新聞（2000年6月27日）を参照せよ。
6) しかしながら，環境問題を経済学の中で取り扱おうとした研究も近年では増えてきた。体系的なテキストとしてはTurner et al. (1994)，Field (1997)，Kolstad (1999)，柴田 (2002) 等を参照せよ。また近年の研究動向については天野 (2003) も見よ。

第 2 章

内生的経済成長理論 I
——バラエティー拡大モデル——

2.1 はじめに

　本章では内生的経済成長モデルについて議論することにしよう。通常の新古典派モデルでは，要素蓄積とともにその要素の限界生産物は逓減していくため，経済成長が最終的には止まってしまうという帰結が導出されている。このような結論は実証的なデータから見ると受け入れ難いものである。この点を是正するために，科学技術や応用工学等の発展によって生じる技術進歩がモデルの中に導入された。技術進歩が導入され，要素蓄積とともに生じていた収穫逓減性が排除された場合には，経済成長は長期的にも維持されうる。この帰結は，長期的に経済が成長し続けるには，要素蓄積だけでなく，科学技術の進歩や応用工学の進歩等の理由により生産性が上昇することが必要不可欠であるということを示唆している。

　新古典派の成長モデルにおいて，技術進歩は外生的に生じると仮定されている。技術進歩が完全に経済とは別の分野で生じるものであるとすれば，このような仮定をおくことは問題がないであろう。ところが，現実には多くの科学技術の発展や発明というものは，それがもたらす利潤を得ることを目的としてなされた研究活動の結果として生じている。特に 1990 年代における情報通信産業等において生じた種々のイノベーションを検討してみると，ますますその傾向は強まっているように思われる。すなわち，研究活動を行おうとする企業家のインセンティブが果たす役割というものは，イノベーションや技術進歩を分析する際に決して無視することのできないものなのである。

研究活動等によって技術進歩が生じる場合，研究活動に従事するためには様々な資源の投入が必要となるであろう。すると当然のことながら，技術進歩を促進するような部門と他の部門との間の資源の配分問題も生じてくる。その他にも技術進歩は単に1企業の問題だけにとどまらず，それが経済や産業全体に与える影響も無視できない場合が多い。これらのことを考慮すると，技術進歩を外生的なものとして取り扱うことは企業家のインセンティブ，資源の配分問題，種々の外部性といった経済学において検討すべき様々な重要な問題を捨象することになる。

　このような欠点を是正するために1980年代以降，内生的経済成長理論が展開されるにいたった。内生的経済成長理論の経済理論に対する主要な貢献の1つは長期的に経済が成長する場合の原動力となる技術進歩のプロセスを内生化したという点にある。すなわち，技術進歩というものがどのようにして，あるいはいかなる理由で生じるのかをモデルの中で明確に説明したのである。この理論では，生産性の上昇に対して人的資本の蓄積や研究活動によるイノベーションの役割を重要視している。人的資本の蓄積に関する問題は第7章で検討することにし，本章では，R&D活動がもたらすイノベーションが，経済成長に対してどのように貢献するのかを議論することにしよう。本章の設定では，多くの内生的経済成長理論と同様，イノベーションは企業家の私的なインセンティブによってなされる研究活動の結果として生じる。企業家は研究部門に資源を投入し，新製品を開発しようとする。発明された新製品は市場に出回り，研究活動に従事した企業家に対して利益をもたらすことになる。逆に言うと，企業家はこのような利益を享受するために，研究活動を行うのである。

　本章では，イノベーションを経済において利用可能な財の数を増やすものとして定義する。このようなイノベーションを伴うモデルを本書を通じてバラエティー拡大モデルと呼ぶことにしよう。これは，現実の経済におけるプロダクト・イノベーションに相当するものであり，Romer（1990），Grossman and Helpman（1991, ch.3），Barro and Sala-i-Martin（1995, ch.6），Xie（1998）等によって導入，展開されてきた。これらの先行研究では，研

究部門における本源的生産要素が何であるかという点で異なっている．例えば，Romer（1990），Grossman and Helpman（1991, ch.3）では，研究部門における本源的な生産要素を労働であると定式化している．この定式化は，研究活動における高等教育を受けた研究者や技術者の存在を重要視している．その一方で，Barro and Sala-i-Martin（1995, ch.6）は研究部門における本源的な生産要素は最終財であると仮定している．この仮定は，研究部門における巨額な設備投資等の資金面や最先端機器等のハード面でのサポートを重要視している．しかしながら，いずれの定式化にしろ，新発明が所与の資源投入量に対する産出量を増加させる．すなわち，研究部門で生じたイノベーションの結果，経済における生産性が上昇し，その結果，経済成長が持続可能となるということを指摘しているという点では類似した結論が得られている．

また，イノベーションを製品の数の拡大というプロダクト・イノベーションではなく，品質の上昇，あるいは，より少ない要素投入で所与のサービス量を達成することを可能とするようなイノベーション（プロセス・イノベーション）として定義することも可能であろう．このようなイノベーションは第3章で検討する．

本章は次のように構成されている．まず，2節および3節ではモデルの設定を行い，分権経済を考える．その後，4節では社会的に最適な状況を検討し，市場経済との厚生水準の違いを導出する．5節では産業政策を導入し，どのような政策が社会的に最適な状況を達成するために必要かを考察する．最後に6節ではまとめを行う．

2.2　R＆Dを伴う経済成長モデル

本節では，本章で考察するモデルを設定する．経済は最終財部門，中間財部門，R＆D部門，家計部門，政府部門から構成されている．各経済主体の行動について規定することにしよう．まずは最終財部門から検討する．本章で考えるモデルでは，最終財は唯一かつ同質である．そして，多くの小企

業が同一の技術のもとで生産活動を行っているものとする。企業は，各 t 期において資本を家計から借り入れ，各中間財を中間財企業から調達し，それらを生産要素として生産活動を行う。また，最終財市場は競争的であるものとする。ここでは産業レベルにまとめ，最終財における生産関数を次のように設定することにしよう。

$$Y(t) = AK(t)^\alpha Q(t)^{1-\alpha}. \tag{2.1}$$

ただし，$Y(t)$ は t 期における最終財の生産量[1]，A は生産性のパラメータ，$K(t)$ は資本ストック量，α はパラメータであり $0<\alpha<1$ とする。$Q(t)$ は中間財の指標であり，Dixit and Stiglitz (1977)，Ethier (1982) 等にしたがい，次のように定式化することにする。

$$Q(t) = \left[\int_0^{n(t)} x_i(t)^\xi di \right]^{\frac{1}{\xi}}. \tag{2.2}$$

ただし，$x_i(t)$ は第 i 中間財の投入量である。また，ξ はパラメータである。以下，$0<\xi<1$ とする。ここでは中間財の数の整数制約を無視し，連続体で測ることにする。潜在的には無限に多くの中間財が発明，製造可能であるが t 期において入手できるのは t 期以前に発明されたものだけである。この測度（数）が $n(t)$ で表されている。すなわち，t 期において最終財企業が生産活動に利用できる中間財の測度（数）は $n(t)$ であり，中間財は 0 から $n(t)$ の範囲で連続的に存在している。研究部門において新たな新製品（中間財）が発明されると $n(t)$ は増加する。

ここで $Q(t)$ についてのいくつかの特徴を指摘しておく。まず，すべての中間財が対称的に $Q(t)$ の中に入っているという点に注意しよう。そして，あらゆる中間財の組の間で代替の弾力性が $\frac{1}{1-\xi}$ という一定かつ等しい値で表される。これらのこととも関連するが，本章の設定では，新しく開発された財が既存の財と比較してより多くのサービスを提供するわけではない。また，新たな財の発明によって古い財が廃棄されてしまうわけでもない。現実

---

1) 本書を通じて (t) は t 期における水準を表すものとする。

には古い財と比較して新しい財の方が優れているかもしれないし，新しい製品の発明は古い製品を市場から駆逐してしまうかもしれない。第3章ではこのような事実を反映させるために中間財の数の増加ではなく品質の上昇に焦点を当てることにする。そのような状況では，より高品質の財が開発された際に，古くて低品質の財が時代遅れになってしまうというようなことも生じうるであろう。$Q(t)$ は $x_i(t)(i\in[0, n(t)])$ に対して規模に関する収穫一定となっていることにも注意しよう。すなわち，すべての $x_i(t)(i\in[0, n(t)])$ を s 倍すると $Q(t)$ も s 倍となる。最後に，$Q(t)$ と $n(t)$ との関係についても述べておこう。すべての $x_i(t)$ が等しい量 $x(t)$ だけ利用されるものとする。このとき $Q(t)=n(t)^{\frac{1-\xi}{\xi}}(n(t)x(t))$ となる。すなわち，各製品が等しい量だけ用いられる場合には，新製品の発明によって $n(t)$ が増えるほど所与の $\int_0^{n(t)}x_i(t)di=n(t)x(t)$ に対して $Q(t)$ もまた増加することになる。

最終財を生産する企業は利子率，各中間財の価格，および $n(t)$ を所与として，各期において利潤を最大化する。最終財企業の利潤関数は次のようになる。

$$\Pi(t)=AK(t)^a\left[\int_0^{n(t)}x_i(t)^\xi di\right]^{\frac{1-\alpha}{\xi}}-r(t)K(t)-\int_0^{n(t)}p_i(t)x_i(t)di. \quad (2.3)$$

ただし，$r(t)$ は資本のレンタル率であり，$p_i(t)(i\in[0, n(t)])$ は各中間財の価格である。また，資本の減耗は存在しないものとする。利潤最大化のための条件として次の関係が成立する。

$$r(t)=A\alpha K(t)^{\alpha-1}\left[\int_0^{n(t)}x_i(t)^\xi di\right]^{\frac{1-\alpha}{\xi}}. \quad (2.4)$$

(2.4)は，最終財企業が資本の限界生産物と利子率が等しくなるような水準で資本を需要するということを示している。

企業の利潤について検討しよう。利潤関数は(2.3)で与えられている。いま，最終財を生産している企業の利潤，Π が0より大きいものとしよう。このとき資本，中間財をそれぞれ s 倍 ($s>1$) にすると，利潤もまた s 倍となる。産出量を増やせば増やすほど利潤もまた増加するのでこのようなことは均衡では生じ得ない。逆に $\Pi<0$ である場合には，企業は最終財の生産を行

わないであろう．したがって，最終財企業の主体的均衡状態において利潤は0とならなければならない．言いかえると，中間財に対する支出の総額を$E_x(t)$とおくと[2]，$E_x(t)$は

$$E_x(t) = AK(t)^\alpha \left[\int_0^{n(t)} x_i(t)^\xi di \right]^{\frac{1-\alpha}{\xi}} - r(t)K(t) \qquad (2.5)$$

という関係をみたしていなければならないことになる．企業の利潤は規模に関して無差別となるため，この段階では個々の企業の産出量までは決定されないということに注意しよう．

ここで各中間財について考察する．企業の利潤が最大化されているならば，中間財に対する所与の支出量 $\int_0^{n(t)} p_i(t)x_i(t)di = E_x(t)$ に対して $Q(t)$，すなわち $\left[\int_0^{n(t)} x_i(t)^\xi di \right]^{\frac{1-\alpha}{\xi}}$ が最大化されていなければならない．これは結局次の問題に帰着する．

$$\max \quad \int_0^{n(t)} x_i(t)^\xi di \qquad (2.6)$$

$$\text{subject to} \quad \int_0^{n(t)} p_i(t)x_i(t)di = E_x(t). \qquad (2.7)$$

変分法を用いてこの問題を解くことにしよう．オイラー方程式より，ある $\bar{\nu} \in \mathbf{R}$ が存在して

$$\xi x_i(t)^{\xi-1} = \bar{\nu} p_i(t) \qquad (2.8)$$

となる．これを $x_i(t)$ について解くと $x_i(t) = \left(\frac{\bar{\nu} p_i(t)}{\xi} \right)^{-\frac{1}{1-\xi}}$ となるので，これを(2.7)に代入すると以下のようになる．

$$\left(\frac{\bar{\nu}}{\xi} \right)^{-\frac{1}{1-\xi}} \int_0^{n(t)} p_i(t)^{-\frac{\xi}{1-\xi}} = E_x(t). \qquad (2.9)$$

(2.8)より $\left(\frac{\bar{\nu}}{\xi} \right)^{-\frac{1}{1-\xi}} = x_i(t) p_i(t)^{\frac{1}{1-\xi}}$ となるので，これを(2.9)に代入すると以下の関係が成立する．

---

[2]　当然のことながら $\int_0^{n(t)} p_i(t)x_i(t)di = E_x(t)$ である．

$$x_i(t) = \frac{E_x(t)}{\int_0^{n(t)} p_i(t)^{-\frac{\xi}{1-\xi}} di} p_i(t)^{-\frac{1}{1-\xi}}. \tag{2.10}$$

次にR&D部門について検討することにしよう。企業は，R&D部門に対して自由に参入できるものと仮定する。本章でのイノベーションは中間財の種類を拡大するものとして定義されており，イノベーションが生じると所与の $n(t)x(t)$ に対して $Q(t)$ の値は増加する。これはイノベーションによって経済の生産性が上昇するということを意味する。各企業は，株式を発行し研究開発に必要な資金を調達する。そして資源を投入し，新製品（中間財）を開発するための技術を得る。労働をR&D部門における唯一の本源的な生産要素であるものとする。新規に開発された製品は，それを開発した企業によって永続的に生産されるものとしよう。これは，政府が新たな財を開発した企業に対して特許を与えると仮定するとよい。あるいは市場に出回っている中間財を他の企業が生産するためには財を模倣することが必要であり模倣活動には十分大きな費用がかかると仮定してもよい。R&D部門の生産関数を次のように定式化することにする。

$$\dot{n}(t) = \varepsilon K_n(t) L_R(t). \tag{2.11}$$

ただし，ドットは本書を通じて時間についての微分を表すものとする。すなわち，$\dot{n}(t) \equiv \frac{dn}{dt}$ である。(2.11)の左辺は，研究部門においてどれだけ新たな中間財が発明されたのかを示すものであり，この部門における産出量とみなすことができるであろう。ε はR&D部門における生産性のパラメータ，$L_R(t)$ はR&D部門における労働投入量である。$K_n(t)$ は公共知識資本であり，すべての企業家にとって無料で利用可能な公共財である。

この生産関数についていくつかの特徴を規定しておこう。第1に労働投入量，$L_R(t)$ に対して線形の関数となっているということである。この定式化は Romer (1990), Grossman and Helpman (1991, ch.3) 等の様々なバラエティー拡大モデルにおいて用いられている。なお，Barro and Sala-i-Martin (1995, ch.6)は，R&D部門における本源的な生産要素が労働ではなく最終財となるような定式化を行っている。しかしながら，R&D部門

における生産関数がその要素投入（最終財）に対して線形となっているという点は本章の定式化と類似している。第2に公共知識資本，$K_n(t)$ が入っているということである。これは社会における科学技術，応用工学の水準や教育水準等を表すものであり，個々の企業にとっては完全な外部性として取り扱われる。科学技術や応用工学が発展したり社会の教育水準が上昇した場合には（$K_n(t)$ が大きくなるほど），より少ない労働量で新しい財の開発が可能になる。すなわち，公共知識資本の増加によって，R＆D部門における生産性が上昇することになる。一般的に，このような公共知識水準を定式化することは困難であるが，ここでは先行研究と同様，公共知識水準とこれまでに発明された中間財の数との間に正の相関関係があるものとする。すなわち，$K_n(t)=K_n(n(t))$ と表すと $K_n'>0$ である[3]。各発明者が新製品を発明すると，その発明は発明者にとっては意図しない形で公共知識水準に貢献する[4]。中間財が発明されるにつれてそれらの知識の増加分に対する貢献がそれほどでもないとすれば $K_n''<0$ となるであろう。一方中間財の数の増加に伴って知識資本の増加がより急速になるとすれば $K_n''>0$ となるであろう。あるいは，K_n'' の符号は $n(t)$ に依存するかもしれない。しかしながら，ここでは K_n が $n(t)$ に関して線形の場合について考えることにする。さらに比例定数を1に設定する。すなわち

$$K_n(t)=n(t) \tag{2.12}$$

とする。このとき研究部門における生産関数は次のようになる。

$$\dot{n}(t)=\varepsilon n(t)L_R(t). \tag{2.13}$$

次に中間財部門について議論することにしよう。本章では，中間財の生産

3）ここでは K_n は2回連続微分可能であると仮定しておく。
4）この定式化は Arrow（1962）や Sheshinski（1967）によるものと類似している。Arrow（1962）は各企業家の資本に対する投資や生産活動の経験の蓄積の副産物として公共知識資本が増加し，生産性が高まると仮定した。このような種々の活動の経験によって生産性が高まるという効果はラーニング・バイ・ドゥーイング（learning by doing）と呼ばれている。

はその財をR＆D部門で開発した企業によってなされるものとする。中間財部門においても労働が唯一の本源的な生産要素であり，任意の中間財を1単位生産するためには，労働1単位が必要であるものとしよう。この仮定は，すべての中間財はそれがいつ発明されたのかにかかわらず，同じ費用関数をもっているということを意味している。現実には，新しい中間財の方が古い中間財と比較して合理的な構造をもっており，より少ない労働で生産できるかもしれない。また，新しい中間財の方がより複雑なものであれば，その生産にはより多くの労働が必要となるかもしれない。しかしながら，本章では議論の簡単化のために，すべての中間財1単位を生産するために労働1単位が必要であるものとする。賃金率を $w(t)$ とすると，$w(t)$ は中間財部門における平均費用と限界費用を表すことになる。各企業の利潤関数は以下のようになる。

$$\pi_i(t) = p_i(t)x_i(t) - w(t)x_i(t). \tag{2.14}$$

ただし，$\pi_i(t)$ は第 i 企業の利潤である。$x_i(t)$ と $p_i(t)$ との関係は (2.10) で表されている。(2.10) は x_i を p_i の関数とみなすことができる。これは需要関数であり，$x_i - p_i$ 平面上において右下がりとなる通常よくみられる形状をしている。(2.14) は次のようになる。

$$\pi_i(t) = (p_i(t) - w(t)) \frac{E_x(t)}{\int_0^{n(t)} p_i(t)^{-\frac{\xi}{1-\xi}} di} p_i(t)^{-\frac{1}{1-\xi}}. \tag{2.15}$$

利潤最大化のための一階の条件は，$\frac{\partial \pi_i(t)}{\partial p_i(t)} = 0$ となることである。すなわち，以下の関係が成立する。

$$\frac{E_x(t)}{\int_0^{n(t)} p_i(t)^{-\frac{\xi}{1-\xi}} di} p_i(t)^{-\frac{1}{1-\xi}} - \left[1 - \frac{1}{1-\xi} \frac{p_i(t) - w(t)}{p_i(t)} \right] = 0. \tag{2.16}$$

したがって，企業は利潤を最大化するために次のような価格設定を行うことがわかる。

$$p_i(t) = p(t) = \frac{w(t)}{\xi}. \tag{2.17}$$

(2.17) より，各企業はそれぞれ等しい価格 $\frac{w(t)}{\xi}$ を設定するので（これを以

下では $p(t)$ で表す),販売量,利潤も各企業で同じ値を取ることがわかる。各企業に共通の販売量および利潤を $x(t)$, $\pi(t)$ で表すと,以下の関係が成立する。

$$\pi_i(t) = \pi(t) = \frac{1-\xi}{\xi} w(t) x(t). \tag{2.18}$$

すなわち,ある期にR&Dに労働を投入し新製品を開発した企業は,それ以降,その製品を独占的に生産,販売することによって,各期において(2.18)で与えられた利潤を得ることになる。ここで,R&Dがもたらす価値について検討しよう。以下の関係が成立する。

$$v(t) = \int_t^\infty e^{-\int_t^\tau r(\eta)d\eta} \pi(\tau) d\tau. \tag{2.19}$$

ただし,$v(t)$ は t 期における各企業の株式市場価値である。すなわち,t 期における各企業の株式市場価値は,t 期以降にその企業が得られる利潤流列の割引現在価値の総和として定義されることになる。(2.19)の両辺を t で微分すると以下のようになる。

$$\dot{v}(t) + \pi(t) = r(t)v(t). \tag{2.20}$$

(2.20)は非利ザヤ条件(no-arbitrage condition)である。左辺は,R&D部門に $v(t)$ という額を投資している投資家にもたらされる収益である。R&D部門に資金を供給した投資家は,各期において企業の利潤(π),および株価の変化額($\dot{v}$)を受け取ることになる。右辺はリスクのない分野に投資を行った場合の収益であり,資本市場の均衡によって,両者は一致しなければならない。

(2.13)より,新製品1単位を開発するのに必要な労働量は $\frac{1}{n(t)\varepsilon}$ である。新製品1単位が生み出す価値は $v(t)$ である。$v(t) > \frac{1}{n(t)\varepsilon} w(t)$ というような状況では,企業は,R&Dの量を増やせば増やすほど利潤を増加させることができる。このような状況においては均衡は存在しないことになる。したがって,自由参入条件より以下の関係が成立する。

$$v(t) \leq \frac{1}{n(t)\varepsilon} w(t). \tag{2.21}$$

ただし，R＆Dが行われるような均衡においては，(2.21)は等号で成立する。$v(t) < \frac{1}{n(t)\varepsilon} w(t)$ というような状況では，企業の最適な行動は，R＆Dを行わないというものとなるからである。

最後に家計部門について規定しよう。経済には各期において一定の人口Lが存在し，各個人が１単位の労働力を所有しているものとする。家計部門は各期においてR＆D部門，もしくは中間財製造部門に労働を提供し賃金を受け取る。そして，資産に対する利子を受け取る。その一方で消費と貯蓄を行う。家計は永続的に存在するものとしよう。代表的家計の目的関数（無限時間視野にわたる効用流列の現在価値の総和）は以下のように設定される。

$$U = \int_0^\infty e^{-\rho t} \left[\frac{c(t)^{1-\sigma} - 1}{1-\sigma} \right] dt. \tag{2.22}$$

ただし，$\rho(>0)$ は主観的割引率，$c(t)$ は一人当たりの消費量，$\frac{c(t)^{1-\sigma}-1}{1-\sigma}$ は瞬時的効用である。$\sigma(>0)$ は異時点間の代替の弾力性の逆数を表すパラメータである。この定式化のもとでは消費の限界効用はプラスで逓減的である。$\frac{c^{1-\sigma}-1}{1-\sigma} \equiv u(c)$ とおくと，$\lim_{c \to 0} u'(c) = \infty$, $\lim_{c \to \infty} u'(c) = 0$ となっていることも確認できる[5]。すなわち $u(c)$ は稲田条件をみたす。家計の資産の蓄積方程式として以下の関係が成立する。

$$\dot{a}(t) = r(t)a(t) + w(t) - c(t). \tag{2.23}$$

ただし，$a(t)$ は一人当たりの資産額であり，$a(0) = a_0$ は所与である。(2.23)において $r(t)a(t) + w(t)$ は家計の収入を表している。$\dot{a}(t)$ は資産の増加分，すなわち貯蓄である。(2.23)は，家計の収入が消費と貯蓄に用いら

---

5) $\frac{c(t)^{1-\sigma}-1}{1-\sigma}$ において $\sigma \to 1$ とすると，ロピタルの定理より

$$\lim_{\sigma \to 1} \frac{c(t)^{1-\sigma} - 1}{1-\sigma} = \lim_{\sigma \to 1} \frac{-c(t)^{1-\sigma} \log c(t)}{-1} = \log c(t)$$

となることにも注意しよう。

れるということを意味している。

　最後に家計が直面するもう1つの制約について言及しておくことにする。家計は各期において $r(t)$ という利子率で無制限に借り入れを行うことができるものと仮定しよう。初期時点において $\tilde{a}$ という額を借り入れた家計が t' 期において返済しなければならない額は $\tilde{a}e^{\int_0^{t'} r(\eta)d\eta}$ である。この返済のために t' 期において $\tilde{a}e^{\int_0^{t'} r(\eta)d\eta}$ という額を借り入れ，借金の返済に当てる。t' 期において借り入れた額を t'' 期に返済しようとするとその額は

$$\tilde{a}e^{\int_0^{t'} r(\eta)d\eta} \cdot e^{\int_{t'}^{t''} r(\eta)d\eta} = \tilde{a}e^{\int_0^{t''} r(\eta)d\eta} \tag{2.24}$$

となる。今度は t'' 期にその額を借り入れ，それを借金の返済にあてるといったことを無限に繰り返すことによって，借り入れた額の返済を無限に引き延ばすことが可能となる。ここでは，このような状況を排除しておくことにしよう。すなわち，家計は信用市場において無制限に借り入れることができないということを仮定する。この制約は家計の資産の現在価値が非負となることであり，以下のように表される。

$$\lim_{t \to \infty} a(t)e^{-\int_0^t r(\eta)d\eta} \geq 0. \tag{2.25}$$

　家計は賃金率および利子率の流列を所与として自らの効用，(2.22)を最大にするような $c(t)$, $a(t)$ の組合せを選択する[6]。カレント・バリュー・ハミルトニアン（current value Hamiltonian）は次のように設定される。

$$\mathscr{H} = \frac{c^{1-\sigma}-1}{1-\sigma} + \nu(r(t)a + w(t) - c). \tag{2.26}$$

ただし，ν は資産のシャドー・プライス（shadow price）である。最大化のための条件として，次の関係が成立する。

$$\frac{\partial \mathscr{H}}{\partial c} = 0 \Rightarrow c(t)^{-\sigma} = \nu(t), \tag{2.27}$$

---

6) 家計が $c(t)$ の経路を選択すると，$r(t)$, $w(t)$ は所与であるので，$a(t)$ の経路が(2.23)より決定される。このようにして決定された $c(t)$, $a(t)$ の経路の組合せのうち(2.22)を最大にするようなものを選択するのである。

$$\dot{\nu} - \rho\nu(t) = -\frac{\partial \mathscr{H}}{\partial a} \Rightarrow \dot{\nu}(t) - \rho\nu(t) = -r(t)\nu(t), \quad (2.28)$$

$$\lim_{t\to\infty} e^{-\rho t}\nu(t)a(t) = 0. \quad (2.29)$$

ここで，(2.29)は横断性条件である。(2.27)，(2.28)より消費の成長率は次のようになる。

$$g_c(t) \equiv \frac{\dot{c}(t)}{c(t)} = \frac{1}{\sigma}(r(t) - \rho). \quad (2.30)$$

ただし，g は本書を通じて下添え字に関する成長率を表すことにする。

2.3 定常状態均衡

ここでは定常状態に焦点を当てることにしよう。定常状態は各変数が一定の（しかし同一とは限らない）率で成長していくようなものとして定義される。もちろん我々が興味があるのは，前節において導出された主体的均衡条件をすべてみたすような状態である。以下では記号の簡略化のために (t) を省略する（ただし，必要に応じてこれまでと同様 (t) を付することもある）。c の成長率は定常状態において一定となるので，(2.30)より r もまた一定となる。$r = \alpha\frac{Y}{K}$ であるから $g_Y = g_K$ となる。また，経済全体での制約をみると

$$\dot{K} = Y - C \quad (2.31)$$

であるので，$\frac{\dot{K}}{K} = \frac{Y}{K} - g_K$ となる。ただし，$C \equiv cL$ は総消費量である。$\frac{C}{K}$ もまた一定となる。したがって，定常状態では結果として Y, K, C がそれぞれ等しい率で成長することになる。Y と K の成長率が等しいということに注意すると，生産関数より次の関係を導出することができる[7]。

---

7) 以下では，Y, K, C の成長率を g_Y で代表させることにする。

$$g_Y = \frac{1-\xi}{\xi} g_n. \tag{2.32}$$

いま，$g_n = \varepsilon L_R$ に注意すると，$\frac{\dot{L}_R}{L_R} = \frac{\dot{L}_X}{L_X} = 0$ となる。すなわち，定常状態において研究部門と製造部門の労働配分は一定となる。ただし，L_X は中間財の製造のために用いられる労働量である。ここで，$X \equiv nx(=L_X)$ と定義すると，(2.17)，(2.21)，および $X = \frac{(1-\alpha)Y}{p} = \frac{\xi(1-\alpha)Y}{\varepsilon nv}$ から次の関係が成立することがわかる。

$$g_Y = g_p = g_w = g_n + g_v. \tag{2.33}$$

ここで，定常状態における成長率を導出することにしよう。このために2つの式に注目する。1つは労働市場均衡条件であり，もう1つは非利ザヤ条件である。まずは労働市場均衡条件から検討することにしよう。R&D部門における生産関数に注意すると，R&D活動に使用される労働投入量は，$L_R = \frac{1}{\varepsilon} g_n$ となることがわかる。一方，中間財製造部門に投入される労働量は X であるので，この2つの和を外生的な労働供給量，L に一致させることにより，労働市場均衡条件を以下のように表すことができる。

$$\frac{1}{\varepsilon} g_n + X = L. \tag{2.34}$$

次に非利ザヤ条件を検討する。(2.20)より次の関係が成立する。

$$\frac{\pi}{v} + \frac{\dot{v}}{v} = r. \tag{2.35}$$

これを変形すると次のようになる[8]。

$$\frac{1-\xi}{\xi} \varepsilon X = g_n + (\sigma - 1) g_Y + \rho. \tag{2.36}$$

(2.32)，(2.34)，(2.36)を利用し，分権経済における成長率を g_Y^d で表すと

$$g_Y^d = \left[\sigma + \frac{\xi}{1-\xi} \right]^{-1} \left[\frac{1-\xi}{\xi} \varepsilon L - \rho \right] \tag{2.37}$$

---

8) $g_v = g_Y - g_n$，$r = \sigma g_Y + \rho$，$\frac{\pi}{v} = \frac{1-\xi}{\xi} \frac{wnx}{nv} = \frac{1-\xi}{\xi} \varepsilon X$ に注意しよう。

となる.定常状態の局所的安定性についての議論は補論で詳細になされている.

ここでは経済成長が持続可能となることを保証するために

$$\frac{1-\xi}{\xi}\varepsilon L - \rho > 0$$

というパラメータ制約を課すことにしよう.成長率はε, Lが大きいときほど,またξ, ρ, σが小さいときほど高くなる.εが大きいということは,R&D部門における生産性が高いということを意味している.研究部門における生産性が高いときほど,R&D部門における所与の労働投入量に対して,発明される中間財も多くなり,経済全体の生産性もまた上昇することになる.ξが小さいということは,製品間の代替性が低いということを意味する.この場合,各発明者は中間財を最終財企業に販売する際により高い価格を付け,より高い利潤を得ることが可能となる.研究活動によって得られる利潤が高いときほど,研究活動に対するインセンティブが高まり,結果として経済成長率もまた高くなる.ρが低いということは家計が忍耐強いということを示している.すなわち,将来の効用に対する割引が少ないために,現在の消費を抑制し,限られた資源を研究活動に用いることによってイノベーションを起こし,経済の生産性を高め,将来の消費を増やそうとするインセンティブがより強くなるのである.Lが大きいということは経済の規模が大きいということを意味している.経済の規模が大きいときほど,研究活動に投入できる資源の量も多くなり,したがってイノベーションもまた促進されることになる.

成長率とパラメータとの間の関係について最も議論の余地があるのはg_YとLとの関係であろう.すなわち規模の大きな経済ほどより高い率で成長するという帰結が妥当かどうかという点である.このような効果を規模の効果(Scale Effects)という[9].(2.37)のLは人口というよりはむしろ経済全体で利用可能な総労働量である.本書では各個人が等しく1単位の労働力を

---

[9] これについて論じたものとしては,Jones (1995), Segerstorm (1998), Dinopoulos and Thompson (1998), Young (1998) 等を参照せよ.

保持しているため両者は等しくなる。労働量を効率単位で測り，例えば一人当たり h 単位の労働力があるというような仮定のもとでは，成長率と正の相関をもつのは経済全体での効率単位で測った労働量（人的資本量）となる。この場合，経済成長率と経済全体での人的資本量が正の相関をもつという帰結は妥当なもののように思われる。

最後に横断性条件について言及しておこう。横断性条件は

$$-\rho+(1-\sigma)g_Y^d<0 \tag{2.38}$$

であるときにみたされる。仮定より，$g_Y^d>0$ であるので，$\sigma\geq 1$ であるような場合には，(2.38)は常にみたされることになる[10]。$\sigma<1$ である場合には，g_Y^d がそれほど大きくないことが横断性条件が成立するための十分条件となる。ここでは，横断性条件が成立するようにパラメータ制約を課すことにしよう。横断性条件が成立する場合には，効用水準(2.22)が有限値をとるということも指摘しておくことにする。

2.4 社会的最適状態

本節では社会的計画者の問題を考察する。社会的計画者の問題は目的関数(2.22)を以下の制約のもとで最大にすることである。

$$\dot{K}=AK^a\left[\int_0^n x_i^\xi di\right]^{\frac{1-\alpha}{\xi}}-C, \tag{2.39}$$

$$\dot{n}=\varepsilon n L_R, \tag{2.40}$$

$$\int_0^n x_i di=L_X, \tag{2.41}$$

$$L_R+L_X=L. \tag{2.42}$$

---

[10] 第5章以降では環境の外部性を含んだ内生的経済成長モデルを議論するが，そこにおいて $\sigma\geq 1$ という仮定は決定的な意味をもつ。

ただし，$K(0)=K_0, n(0)=n_0$ は所与である．動学的な問題を考える前に，まずは各期における静学的な問題について検討することにしよう．製造部門における所与の労働投入量，$L_X=\int_0^n x_i di$ に対して $[\int_0^n x_i^\xi di]^{\frac{1-\alpha}{\xi}}$ は最大化されなければならない．すなわち社会的計画者は各期において次のような問題に直面することになる．

$$\max \int_0^n x_i^\xi di \tag{2.43}$$

$$\text{subject to} \int_0^n x_i di = L_X. \tag{2.44}$$

この等周問題のオイラー方程式はある $\bar{\nu}\in\mathbf{R}$ が存在して

$$\xi x_i(t)^{\xi-1}=\bar{\nu} \tag{2.45}$$

となるというものである．これを $x_i(t)$ について解くと $x_i(t)=\left(\frac{\bar{\nu}}{\xi}\right)^{-\frac{1}{1-\xi}}$ となる．これはすべての i について成立するので，各産業において使用される中間財の量は等しくなる．各 i に共通の x_i の値を x とおくことにしよう．このとき，(2.41)，(2.42)はそれぞれ $L_X=nx, L_R=L-nx$ となる．これらのことを考慮すると(2.39)，(2.40)はそれぞれ次のように変形できる．

$$\dot{K}=AK^\alpha n^{\frac{1-\alpha}{\xi}}x^{1-\alpha}-cL, \tag{2.46}$$

$$\dot{n}=\varepsilon n(L-nx). \tag{2.47}$$

すなわち，(2.39)-(2.42)の制約条件は結局(2.46)，(2.47)に集約できることになる．

カレント・バリュー・ハミルトニアンは次のように設定される．

$$\mathscr{H}=\frac{c^{1-\sigma}-1}{1-\sigma}+\mu_1(AK^\alpha n^{\frac{1-\alpha}{\xi}}x^{1-\alpha}-cL)+\mu_2(\varepsilon(L-nx)n). \tag{2.48}$$

ただし，μ_1, μ_2 はそれぞれ資本と中間財の測度（数）に関するシャドー・プライスである．最大化のための条件として次の関係が成立する．

$$\frac{\partial \mathscr{H}}{\partial c}=0 \Rightarrow c^{-\sigma}=\mu_1 L, \tag{2.49}$$

$$\frac{\partial \mathscr{H}}{\partial x}=0 \Rightarrow X=(1-\alpha)\frac{Y\mu_1}{\varepsilon\mu_2 n}, \tag{2.50}$$

$$\dot{\mu}_1-\rho\mu_1=-\frac{\partial \mathscr{H}}{\partial K} \Rightarrow -\frac{\dot{\mu}_1}{\mu_1}=\alpha\frac{Y}{K}-\rho, \tag{2.51}$$

$$\dot{\mu}_2-\rho\mu_2=-\frac{\partial \mathscr{H}}{\partial n} \Rightarrow \frac{\dot{\mu}_2}{\mu_2}=\rho-\frac{1-\alpha}{\xi}\frac{Y\mu_1}{n\mu_2}-\varepsilon(L-2X), \tag{2.52}$$

$$\lim_{t\to\infty}e^{-\rho t}\mu_1 K=0, \tag{2.53}$$

$$\lim_{t\to\infty}e^{-\rho t}\mu_2 n=0. \tag{2.54}$$

ここで，(2.53)，(2.54)は横断性条件である。

本節でも定常状態に焦点を集中することにしよう。(2.49)，(2.50)より以下の関係が成立する。

$$g_Y=-\frac{1}{\sigma}g_{\mu 1}, \tag{2.55}$$

$$g_Y+g_{\mu 1}-g_n-g_{\mu 2}=0. \tag{2.56}$$

ここで，(2.56)の導出には定常状態において X が一定となるという条件が用いられている。これは $X=L_X=L-\frac{1}{\varepsilon}g_n$ であり，定常状態において g_n が一定となるためである。生産関数は $Y=AK^{\alpha}n^{\frac{1-\alpha}{\xi}}(\frac{X}{n})^{1-\alpha}$ と変形できるので，再び

$$g_Y=\frac{1-\xi}{\xi}g_n \tag{2.57}$$

となる。(2.55)，(2.56)，(2.57)より以下の関係が成立する。

$$g_{\mu 2}=\left[1-\sigma-\frac{\xi}{1-\xi}\right]g_Y. \tag{2.58}$$

一方(2.50)，(2.52)，(2.57)，および労働部門の資源制約を用いると $g_{\mu 2}$ は

$$g_{\mu 2}=\rho-\frac{1-\xi}{\xi}\varepsilon L+\frac{1-2\xi}{1-\xi}g_Y \tag{2.59}$$

とも書くことができる。(2.58), (2.59)より、社会的に最適な成長率、g_Y^* は次のようになる。

$$g_Y^*=\frac{1}{\sigma}\left[\frac{1-\xi}{\xi}\varepsilon L-\rho\right]. \tag{2.60}$$

この成長率は分権経済におけるものと比較すると必ず高くなっていることがわかる。また ξ が大きいほど2つの成長率の差も大きくなることがわかる。これは、中間財の代替性(ξ)が大きいときほど、市場経済において中間財を販売することによってもたらされる利潤は低くなり、したがって、R&Dに対するインセンティブもまた低くなるからである。

横断性条件は

$$-\rho+(1-\sigma)g_Y^*<0 \tag{2.61}$$

であるときにみたされる。分権経済のときと同様、$\sigma\geq 1$ であることが横断性条件をみたすための十分条件であることに注意しよう。上の横断性条件が常に成立するようにパラメータ制約を課すことにする。

ここで、厚生水準について検討しよう。再び定常状態に限定して議論を行うことにする。定常状態においては消費と最終財の成長率が等しいという事実を用いると家計の目的関数は以下のように変形できる。

$$U=\int_0^\infty e^{-\rho t}\left[\frac{[c(0)e^{g_Y t}]^{1-\sigma}-1}{1-\sigma}\right]dt. \tag{2.62}$$

$c(0)$ については以下の関係が成立する。

$$c(0)=\frac{K(0)}{L}[\bar{A}X^{1-\alpha}-g_Y]. \tag{2.63}$$

ただし、$\bar{A}=AK(0)^{\alpha-1}n(0)^{\frac{(1-\alpha)(1-\xi)}{\xi}}$ である[11]。

g_Y の上昇には2つの相反する効果があることに注意しよう。1つはこれ

---

11) (2.62)より横断性条件がみたされるときには厚生水準が収束することは容易にわかるであろう。

によって，各期の消費が高まるというプラスの効果である。もう1つは，g_Y の上昇はより多くの資源を研究部門に投入しなければならないため，労働部門の資源制約によって，製造部門で用いられる労働が減少することになる。この効果は，g_Y の上昇（X の減少）によって $c(0)$ が減少するという負の効果によって表される。(2.62)，(2.63)を利用して厚生水準を求めると次のようになる。

$$U=\frac{1}{1-\sigma}\frac{k(0)^{1-\sigma}}{\rho+(\sigma-1)g_Y}[\bar{A}X^{1-\alpha}-g_Y]^{1-\sigma}-\frac{1}{(1-\sigma)\rho}. \tag{2.64}$$

ただし，$k(0)\equiv\frac{K(0)}{L}$ である。(2.64)より厚生水準は g_Y と X に依存して決定することになる。したがって，g_Y-X 平面上で無差別曲線を描くことが可能となる。無差別曲線の傾きを求めることにしよう。(2.64)を全微分し，$dU=0$ とおく。$\frac{\partial U}{\partial X}$，$\frac{\partial U}{\partial g_Y}$ に注意し，無差別曲線の傾きを求めると以下のようになる。

$$\frac{\partial g_Y}{\partial X}=-\frac{\rho+(\sigma-1)g_Y}{X}<0. \tag{2.65}$$

したがって，適切なパラメータ制約のもとでは無差別曲線は g_Y-X 平面上の右下がりの曲線として描かれることになる。$\frac{\partial^2 g_Y}{\partial X^2}$ を求めると適切なパラメータ制約のもとでは

$$\frac{\partial^2 g_Y}{\partial X^2}=-\frac{\sigma}{X}\frac{\partial g_Y}{\partial X}>0 \tag{2.66}$$

となる。このとき，無差別曲線は原点に対して凸であるような通常の形状となる。ここで，資源制約との関連を検討するために無差別曲線を g_n-X 平面に書き直しておこう。資源制約を表す直線の傾きは，$-\frac{1}{\varepsilon}$ となるので，資源制約は g_n-X 平面において，傾きが $-\frac{1}{\varepsilon}$ の直線で描かれることになる。$g_Y=\frac{1-\xi}{\xi}g_n$ であるため，$\frac{\partial g_n}{\partial X}<0$，$\frac{\partial^2 g_n}{\partial X^2}>0$ となる。ここで，無差別曲線上の傾きが $-\frac{1}{\varepsilon}$ である点を求めると，その点では $g_n=g_n^*=\frac{\xi}{1-\xi}g_Y^*$ となることも確認できる。この点は図2.1の E のような点で表される。

無差別曲線は右上方に位置するものほど高い厚生水準を表している。当然のことであるが，資源制約上で厚生水準が最大となるのは，社会的に最適な

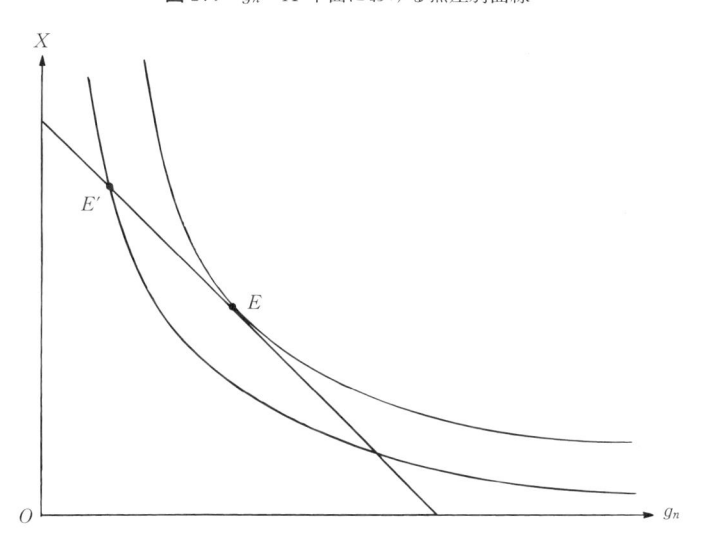

図 2.1　$g_n - X$ 平面における無差別曲線

E を通るような無差別曲線に対応する点である。市場経済における成長率は常に社会的に最適なものと比較して低くなっていたので、市場均衡においてもたらされた点は、図 2.1 における E' のような点である。この点を通る無差別曲線が E 点を通るようなものと比較するとより低い厚生水準に対応していることは容易にわかるであろう。図 2.1 で描かれた 2 つの無差別曲線の差が市場の歪みを反映している。次節では E 点と E' 点との乖離をうめるような産業政策について検討する。

2.5　産業政策

前節までの議論で、分権経済における成長率と社会的に最適な成長率との間には乖離があることが明らかになった。このことは政府による政策介入を検討する余地があるということを意味している。そこで、本節では分権経済における歪みを是正するような政策について検討する。

まずは、R＆Dに対する助成政策を考察することにしよう。政府がR＆Dにかかる費用の一部を負担するような状況を考える。政府が負担する割合

を ψ で表す。ただし，家計の行動に対して異時点間の影響がでないように，政府は一括税を課すことによって助成に対する財源を確保するものとする。このとき，Ｒ＆Ｄ部門において企業が負担する賃金率は $w(1-\psi)$ となっているので，（Ｒ＆Ｄがなされている状況での）自由参入条件は

$$v = \frac{w(1-\psi)}{n\varepsilon} \tag{2.67}$$

となる。したがって，非利ザヤ条件は次式で与えられる。

$$\frac{\frac{1-\xi}{\xi}\varepsilon X}{1-\psi} = g_n + (\sigma-1)g_Y + \rho. \tag{2.68}$$

労働市場均衡条件がこのような政策によって，影響を受けないことは明らかである。(2.34)を用いて(2.68)から X を消去すると以下の関係が成立する。

$$\frac{1-\xi}{\xi}(\varepsilon L - g_n) = (1-\psi)(g_n + (\sigma-1)g_Y + \rho). \tag{2.69}$$

(2.69)より社会的に最適な成長率が達成されるためのＲ＆Ｄへの助成率を ψ^* で表すと次のようになる。

$$\psi^* = \frac{g_n^*}{(\sigma-1)g_Y^* + g_n^* + \rho}. \tag{2.70}$$

ただし，g_Y^* は(2.60)で表されたものであり $g_n^* = \frac{\xi}{1-\xi}g_Y^*$ である。

次に中間財部門への助成を検討することにしよう。中間財業者は，最終財企業に p という価格で販売した場合，$p(1+\psi_x)$ という額を受け取るものとしよう。ただし，ψ_x は助成率である。中間財業者の利潤関数は次のようになる。

$$\pi_i = p_i(1+\psi_x)x_i - wx_i. \tag{2.71}$$

中間財企業が直面している需要関数は，依然として(2.10)のままであることに注意すると，利潤最大化のために設定する価格は

$$p_i = p = \frac{w}{\xi(1+\psi_x)} \tag{2.72}$$

となる。また，$pnx = (1-\alpha)Y$ より，各中間財業者の販売量は $x =$

$\frac{(1-\alpha)Y\xi(1+\phi_x)}{nw}$ である。ここで，$w = \frac{(1-\alpha)(1+\phi_x)\xi Y}{X}$ という関係を用いると結局，収益率は

$$\frac{\pi}{v} = \frac{(1-\xi)\varepsilon X}{\xi} \tag{2.73}$$

となる．すなわち，中間財の購入に対する助成は非利ザヤ条件を変化させないので，成長率もまた変化しないことになる[12]．

2.6 おわりに

本章では製品の数の増加という形でイノベーションが定義されるモデルを展開した．これはいわゆるプロダクト・イノベーションに相当するものである．新製品の開発に成功した企業は，その発明から利益を得ることができる．この利益を得るために企業家は研究活動に従事する．イノベーションが成功した結果，利用可能な製品の数が増加すると，最終財企業は所与の中間財投入に対する生産量を上昇させることができる．すなわち，イノベーションによって生産性が上昇し，ある所与の要素投入からより高い産出量を達成することが可能となるのである．

イノベーション率は，R&D部門における生産性が高いほど，経済の規模が大きいほど，製品間の代替性が低いほど，家計が忍耐強いほど高くなる．このとき，経済の生産性もより急速に改善されるため，経済成長率も高くなる．

本章での設定では，いくつかの市場の失敗が存在していることも指摘しなければならない．まず考慮すべきなのは各期において中間財部門でなされる独占的な価格付けに付随するものである．しかしながら本章の設定では，すべての財の間で需要の弾力性が一定であり，しかも等しくなっている．このことを反映して，各中間財で等しい価格付けがなされる．この結果，すべての財の間で，相対価格と相対的な限界費用との比は等しくなっている．した

---

[12] 当然のことであるが，このような助成によって，労働市場均衡条件が変化しないことに注意しよう．

がって，独占的な価格付けに付随する静学的な歪みは存在しない。独占度が財の間で異なっている場合や，ある中間財が競争的な価格で販売されているような状況においては，市場の失敗が存在することになる[13]。

　次に検討されるべきなのはR＆D部門での異時点間にわたる影響である。このような外部性としては，第1に，新発明が経済の生産性の上昇に貢献するというプラスの効果があげられる。研究部門において新しい中間財が開発されると，最終財企業は利用可能な製品が拡大したことから利益を受ける。第2に，イノベーションによって新製品が発明された結果，既存の製品を生産していた企業の利潤が相対的に減少してしまうというマイナスの効果がある。そして第3に，研究活動の成功，それを行った企業には意図せざる形で，社会の公共的な知識資本に貢献するというプラスの効果である。公共知識資本が増加すると，後の世代の研究者達は，より少ない費用で新たな財を発明することが可能となる。本章のモデルにおいては，2つのプラスの効果がマイナスの効果を必ず上回るため，社会的に最適な成長率は分権経済におけるそれと比較して必ず高くなる。言いかえると，市場経済においては，研究に対するインセンティブ，そして経済成長率がともに低すぎるのである。

　したがって，社会的に最適な経済成長率を達成するためには，成長を促進するような政策が必要となる。本章の5節においては，研究部門への助成によって企業家の直面する研究費用を相対的に低下させる必要性があることを指摘した。研究費用が低下した場合には，企業のR＆D活動へのインセンティブは高まり，より多くの資源が研究活動へ投資される。その結果，生産性がより急速に上昇し，経済成長率もまた高まることになる。そして，政府が適切な率で研究活動に対する助成を行うことによって，社会的に最適な成長率を達成することが可能となるのである。

---

13) この点についての議論の詳細は Lerner (1934), Samuelson (1965, pp.239-240), Grossman and Helpman (1991, ch.3) 等を参照せよ。

2.7 補論：定常状態の局所的安定性

ここでは定常状態の局所的安定性について検討することにしよう。K と C の成長率は次のようになる。

$$g_K = \hat{y} - \hat{c}, \tag{2.74}$$

$$g_C = g_c = \alpha\hat{y} - \rho. \tag{2.75}$$

ただし，$\hat{y} \equiv \frac{Y}{K}$，$\hat{c} \equiv \frac{C}{K}$ である。ここで，(2.74)は資本の蓄積方程式である $\dot{K} = Y - C$ の両辺を K で割ったものである。生産関数(2.1)より

$$g_Y = \alpha g_K + \frac{(1-\alpha)(1-\xi)}{\xi} g_n + (1-\alpha)g_X \tag{2.76}$$

となる。すべての $i(i \in [0, n])$ において $x_i = x$ という条件が用いられていることに注意しよう。$pX = \frac{\varepsilon nv}{\xi} X = (1-\alpha)Y$ より，$\frac{\dot{v}}{v} = g_Y - g_X - g_n$ である。したがって，(2.35)は次のようになる。

$$\frac{1-\xi}{\xi}\varepsilon X + g_Y - g_X - g_n - \alpha\hat{y} = 0. \tag{2.77}$$

ここで，(2.76)，(2.74)および労働市場均衡条件(2.34)を変形した $g_n = \varepsilon(L - X)$ を用いて(2.77)から g_Y, g_n を消去し，まとめると以下のようになる。

$$g_X = -\hat{c} + \left[\frac{(1-\alpha)(1-\xi)}{\xi} - 1\right]\frac{\varepsilon L}{\alpha} + \left[1 + \frac{\alpha(1-\xi)}{\xi}\right]\frac{\varepsilon X}{\alpha}. \tag{2.78}$$

ここで次のような定義を行う。

$$m_1 \equiv \log\frac{\hat{y}}{\hat{y}_{ss}},$$

$$m_2 \equiv \log\frac{\hat{c}}{\hat{c}_{ss}},$$

$$m_3 \equiv \log\frac{X}{X_{ss}}.$$

ここで下添え字 ss は定常状態における水準を表している。(2.76)，(2.78)

を利用し，定常状態の近傍において線形近似を行い，それを定常状態で評価すると次のようになる．

$$\begin{pmatrix} \dot{m}_1 \\ \dot{m}_2 \\ \dot{m}_3 \end{pmatrix} \fallingdotseq \begin{pmatrix} (\alpha-1)\hat{y}_{ss} & 0 & [\frac{1-\alpha}{\alpha}]\varepsilon X_{ss} \\ (\alpha-1)\hat{y}_{ss} & \hat{c}_{ss} & 0 \\ 0 & -\hat{c}_{ss} & [1+\frac{\alpha(1-\xi)}{\xi}]\frac{\varepsilon X_{ss}}{\alpha} \end{pmatrix} \begin{pmatrix} m_1 \\ m_2 \\ m_3 \end{pmatrix}.$$

この右辺の 3×3 行列の行列式の固有根は

$$-v^3 + h_1 v^2 + h_2 v + h_3 = 0 \tag{2.79}$$

の解である．ただし，

$$h_1 \equiv u_1 + u_2 + u_3 \left[1 + \frac{\alpha(1-\xi)}{\xi}\right],$$

$$h_2 \equiv -u_1 u_2 - (u_1 + u_2) u_3 \left[1 + \frac{\alpha(1-\xi)}{\xi}\right],$$

$$h_3 \equiv \frac{u_1 u_2 u_3 \xi}{\alpha}$$

であり，

$$u_1 \equiv (\alpha-1)\hat{y}_{ss} < 0,$$

$$u_2 \equiv \hat{c}_{ss} > 0,$$

$$u_3 \equiv \frac{\varepsilon X_{ss}}{\alpha} > 0$$

である．(2.79)の定数項の符号が負であることは容易にわかる．したがって，負の実部をもつ固有根が少なくても1つ存在することになる．これを $u_4(<0)$ とおくと(2.79)は

$$(-v + u_4)(v^2 + u_5 v + u_6) = 0 \tag{2.80}$$

と書くことができる．ここで u_4，u_5，u_6 は以下の関係をみたすことに注意しよう．

$$u_4 - u_5 \equiv h_1,$$

$$u_4 u_5 - u_6 \equiv h_2,$$

$$u_4 u_6 \equiv h_3.$$

上記の三次方程式において，$v = u_4$ 以外の解の実部について調べてみるとそれは，$v = -\frac{u_5}{2}$ となる。いま，$h_1 > 0$，$u_4 < 0$ に注意すると $u_5 = u_4 - h_1 < 0$ であるので，$v = u_4$ 以外の固有根の実部の符号は正となることがわかる。したがって，定常状態は鞍点となる。

第3章

内生的経済成長理論 II
——品質上昇モデル——

3.1 はじめに

　第2章ではイノベーションが製品の数の拡大という形で定義された。本章では，製品の品質の上昇といった形でイノベーションを定義することにする。本章で設定される品質上昇モデルは Aghion and Howitt (1992), Grossman and Helpman (1991, ch.4), Segerstorm (1991), Barro and Sala-i-Martin (1995, ch.7) 等によってなされてきており，第2章におけるバラエティー拡大モデル同様，R&Dをもとにした内生的経済成長モデルにおいて重要な役割を果たしてきた。現実には，新製品の発明と品質の改良は同時に生じているであろう。あるいは，これら2つの種類のイノベーションを明確に区別することは困難であるかもしれない。したがって，本章のモデルは第2章のモデルと代替的というよりはむしろ補完的な役割を果たすものである。

　本章のモデルにおいては，「品質の梯子 (quality ladder)」という概念が導入される。第2章のモデルでは，各製品は水平的に差別化されていた。そこでは，古い財と新しい財が対称的な形で生産関数の中に組み込まれていたため，新しい財が発明された際に古い財が時代遅れになり，廃棄されてしまうといった可能性が存在しないという欠点があった。これに対し本章では，中間財は各製品ラインにおいて垂直的に差別化されている。イノベーションが生じると，ある既存の製品ラインにおいて，より高品質の製品が開発される。より高品質の中間財は，所与の投入量に対するサービス量がより多くなる。逆に言うと，より高い品質をもつ製品は，所与のサービス量を提供するため

の要素投入が少なくてもよい。各製品を各工場等における一連の作業工程等と解釈すれば，本章のイノベーションは，工場内でのプロセス・イノベーションと解釈することもできるであろう。このようなイノベーションが成功すると同じ製品ラインにおいて複数の製品が存在しうることになる。そして，各製品は他の製品ラインの製品だけでなく同じ製品ラインに存在する異なった品質をもつ製品との競争にも直面することになる。そして，場合によっては，イノベーションの結果，時代遅れとなった製品が市場から駆逐されるということも起こりうる。イノベーションがもたらすこのような利潤破壊効果は，第2章で検討したバラエティー拡大モデルにおいても存在していた。第2章のモデルでは，イノベーションが既存の財の生産者の利潤を減少させる。これに対して本章のモデルでは，新製品の発明とともに，既存の製品の生産者が市場から完全に撤退せざるをえなくなるようなことも起こりうる。イノベーションがもたらす利潤破壊効果は第2章のモデルよりも強いものとなる。本章のモデルは，Schumpeter（1934）によって論じられた創造的破壊の要素により焦点を当てたものとみなすことができる。本書を通して，本章のようなモデルを品質上昇モデルあるいはネオ・シュンペータリアン・モデルと呼ぶことにする。

　本章においてもイノベーションは企業家の私的なインセンティブによってなされるものとして定式化される。本章で得られる多くの帰結は，第2章で得られたものと類似しているが，いくつかの点で異なっていることがわかるであろう。

　本章は次のように構成されている。まず，2節および3節ではモデルの設定を行い，分権経済を考える。その後，4節では社会的に最適な状況が導出され，市場経済と社会的に最適な場合との厚生上の比較もまた行われる。5節では産業政策を導入し，どのような政策が社会的に最適な状況を達成するために必要かを考察する。最後に6節ではまとめを行う。

3.2 品質上昇と創造的破壊

　本章では，既存の製品の品質改良という形でイノベーションが定義されるようなモデルを設定する。各経済主体の行動を規定することから分析を始めることにしよう。経済は最終財部門，研究部門，中間財部門，家計部門，および政府部門から構成される。最終財部門に関する規定はほとんど第2章と同じである。最終財は唯一かつ同質であり，多くの小企業が同一の生産技術のもとで財の生産活動を行っている。最終財の市場は完全競争的であり，この部門の産業レベルでの生産関数は再び以下のように設定される。

$$Y(t) = AK(t)^\alpha Q(t)^{1-\alpha}. \tag{3.1}$$

ただし，$Y(t)$，$K(t)$，A，$\alpha(0<\alpha<1)$ はそれぞれ最終財の生産量，資本ストック量，生産性のパラメータ，弾力性を表すパラメータである。$Q(t)$ は再び中間財の指標である。

　議論を進める前にネオ・シュンペータリアン・モデルにおけるイノベーションの特性について簡単に規定しておこう。本章のイノベーションは「品質の梯子」という概念に基づいており，製品の数の拡大ではなく品質の上昇に焦点が当てられる。イノベーションが生じるのは，第2章同様，中間財部門においてである。「品質」という用語は一般的には消費財の性能のようなイメージを与えるため，本章で用いる「品質」という言葉の用法は通常用いられている意味とはやや異なっているかもしれない。しかしながら，本章で設定される種々の定式化は，先行研究で品質上昇モデルとして定義されてきたものと類似しているため，あえて「品質」という言葉を用いることにする。より高い品質をもつ製品は所与の中間財投入量に対してより高い産出量をもたらす。逆にいうと，所与のサービス量を提供するための中間財の投入量はより小さくなるのである。したがって，本章におけるイノベーションはプロセス・イノベーションに対応しているとみなすこともできるであろう。逆に，第2章で検討したバラエティー拡大モデルにおけるイノベーションはプロダクト・イノベーションに対応している。

図 3.1 中間財部門と品質の関係

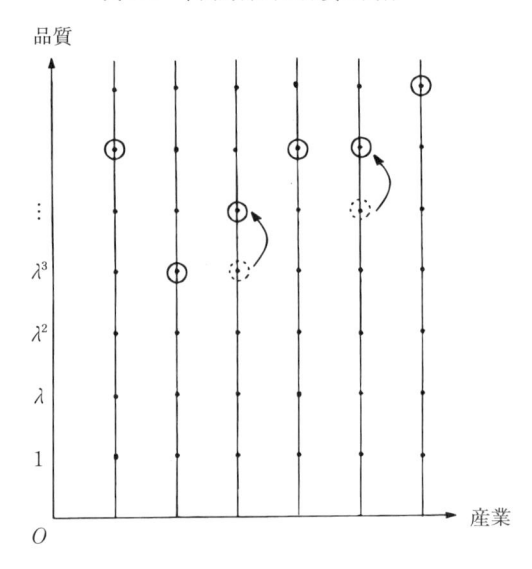

　図 3.1 では縦軸に品質が，横軸には産業が描かれている。縦軸のより高い値はより高い品質をもつ製品に対応しており，各製品ラインにおいて品質の上限はないものとする。すべての製品ラインにおいて，品質の梯子上のより高い位置にある新製品は，それより 1 世代前の製品（品質の梯子上で一段階低い製品）よりも λ 倍優れているものとする。ただし $\lambda>1$ である。同じ製品ラインにおける異なった品質をもつ製品は完全代替的であるものとする。後に検討するように，研究部門に資源が投入され，ある製品ラインにおいて研究が成功すると新製品（より高い品質をもった製品）が発明され，その製品ラインにおいて利用可能な製品が 1 つ増加することになる。各製品ラインにおいて最も新しく，したがって最も優れた製品を最先端製品（state of the art）と定義する。図 3.1 では各製品ラインの最先端製品は円で囲まれている。0 時点において各製品ラインで最も高い品質を 1 に基準化する。その後に開発された製品の品質は λ, λ^2, λ^3, … となる（図 3.1 を参照せよ）。ここで λ^m という品質をもった製品を第 m 世代の製品と定義する。0 時点におい

て最も高い品質は1であったので，それは第0世代ということになる。

ここで，$Q(t)$ を Grossman and Helpman (1991, ch.4) にしたがい以下のように定式化する。

$$\log Q(t) = \int_0^1 \left[\log \sum_m q_{im} x_{im}(t) \right] di. \tag{3.2}$$

本章では，イノベーションは製品の数の増加ではなく，製品の品質上昇として定義される。そこで，中間財の測度（数）は通時的に一定であるものと仮定する。前節同様，便宜上中間財の数における整数制約を無視し連続体で測るものとし，その測度（数）を1に固定する。これが積分の値が0から1の範囲でとられている意味である。各 $j (j \in [0, 1])$ が各製品ラインに対応している。$q_{im}, x_{im}(t) (i \in [0, 1])$ はそれぞれ第 i 中間財の第 m 世代の製品の品質および投入量である。上の仮定によると，$q_{im} = \lambda^m$ となっている。仮定より，各製品ラインにおける異なった品質をもつ製品は完全代替的となっており

$$\sum_m q_{im} x_{im}(t)$$

は，第 i 製品ラインの品質で調整された要素投入量である。

最終財を生産する企業は各期において利子率 $r(t)$，各中間財の価格 $p_{im}(t)$ を所与として各期において利潤の最大化を行う。ただし，$p_{im}(t)$ は第 i 中間財の第 m 世代の製品の価格である。最終財企業の利潤関数は次のようになる。

$$\Pi(t) = AK(t)^\alpha Q(t)^{1-\alpha} - r(t)K(t) - \int_0^1 \sum_m p_{im}(t) x_{im}(t) di. \tag{3.3}$$

最終財企業の利潤最大化行動によって，以下の関係が成立する。

$$r(t) = A\alpha K(t)^{\alpha-1} Q(t)^{1-\alpha}. \tag{3.4}$$

企業の利潤について検討しよう。手続きは第2章で行われたものと類似している。利潤関数は (3.3) で与えられている。最終財を生産している企業の利潤，Π が正の値をとっている場合には，資本，中間財をそれぞれ s 倍 ($s>1$) にすると，利潤もまた s 倍となる。したがって産出量を増やせば増

やすほど利潤もまた増加する。このような状況は均衡では生じ得ない。逆に $\Pi<0$ であるものとしよう。最終財の生産をまったく行わなかった場合の企業の利潤はゼロとなるので，$\Pi<0$ も均衡ではない。したがって，主体的均衡状態において最終財企業の利潤は 0 とならなければならない。言いかえると，中間財に対する支出を $E_x(t)$ とおくと

$$E_x(t)=AK(t)^{\alpha}Q^{1-\alpha}-r(t)K(t) \tag{3.5}$$

となる。第 2 章同様，企業の利潤は規模に関して無差別となるため，この段階では個々の企業の産出量までは決定されない。

次に最終財企業が各中間財を購入する際に直面する問題について考察する。この問題では，(3.2)における 2 つの重要な特徴が影響を与える。1 つは各製品ラインにおいては異なった品質をもつ製品が多数存在しうるが，それらは完全代替的であるということである。これによって，最終財企業が実際に購入するのは，品質調整済みの価格 $\frac{p_{im}(t)}{q_{im}(t)}$ が最小であるような第 m 世代の製品だけであることがわかる。ただし，品質で調整された価格が等しい場合には，最終財企業はより高い品質をもった製品を購入するものと仮定しておく[1]。このような m を $\hat{m}$ で表すことにする[2]と (3.2) は

$$\log Q(t)=\int_0^1 [\log q_{i\hat{m}} x_{i\hat{m}}(t)]di \tag{3.6}$$

と変形できる。

もう 1 つは異なった製品ラインにおける各製品が互いに対称的な形で $Q(t)$ に入っているという点である。最終財企業が利潤を最大にしているならば，中間財に対する所与の支出量 $\int_0^1 p_{i\hat{m}}(t)x_{i\hat{m}}(t)di$ に対して $Q(t)$，したがって $\log Q(t)$ が最大となっていなければならない。すなわち，最終財企業は利潤最大化のための条件として以下のような問題に直面している。

---

[1] 証明については Grossman and Helpman (1991, [邦訳 (1998, 421-422 頁)]) を参照せよ。
[2] $\hat{m}$ は任意の時点における各製品ラインの最先端製品に対応する世代を表す。したがって，$\hat{m}$ は製品ラインごとに異なる値をとりうるし，通時的に変化しうる。

$$\max \quad \int_0^1 [\log q_{i\hat{m}} x_{i\hat{m}}(t)] di \qquad (3.7)$$

$$\text{subject to} \quad \int_0^1 p_{i\hat{m}}(t) x_{i\hat{m}}(t) di = E_x(t). \qquad (3.8)$$

オイラー方程式より，ある $\bar{\nu} \in \mathbf{R}$ が存在して

$$\frac{1}{x_{i\hat{m}}(t)} = \bar{\nu} p_{i\hat{m}} \qquad (3.9)$$

となる．すなわち，$p_{i\hat{m}} x_{i\hat{m}}(t) = \frac{1}{\bar{\nu}}$ である．これはすべての $i(i \in [0,1])$ に対して成り立つので，任意の $i, j (i, j \in [0,1], i \neq j)$ に対して以下の関係が成立する．

$$p_{i\hat{m}}(t) x_{i\hat{m}}(t) = p_{j\hat{m}}(t) x_{j\hat{m}}(t). \qquad (3.10)$$

(3.10) より，最終財企業は $[0,1]$ の範囲で存在するすべての中間財を等しい額だけ購入するということがわかる．すなわち，すべての i について次の関係が成立する．

$$x_{im}(t) = \begin{cases} \frac{E_x(t)}{p_{im}(t)} & (m = \hat{m} \text{ のとき}), \\ 0 & (m \neq \hat{m} \text{ のとき}). \end{cases} \qquad (3.11)$$

次に中間財部門について検討することにする．第 2 章同様，各中間財はそれを R＆D 部門で開発された企業によって独占的に製造，販売されるものとする．製品ラインや品質に関係なく各中間財 1 単位を製造するのに労働 1 単位が必要であるものとする．このことは労働 1 単位当たりのサービス量は，より新しい製品の方が多いということを示している．すべての中間財の限界費用，および平均費用は賃金率 $w(t)$ に等しくなる．中間財企業の利潤関数は次のようになる．

$$\pi_{im}(t) = p_{im}(t) x_{im}(t) - w(t) x_{im}(t). \qquad (3.12)$$

ここで，各製品ラインにおいて最先端製品を生産できるような企業について考えてみよう．以下ではこのような企業を最先端企業と呼ぶことにする．

最先端製品の品質は 2 番手の企業が生産可能な製品の品質よりも λ 倍高い。中間財部門における生産関数は品質に関係なく同一であるので，$\lambda w(t)$ よりも高い価格を最先端企業が付けた場合には，最先端企業は 2 番手の企業とのベルトラン競争に敗れることになる。このとき，2 番手の企業は最先端企業が付けた価格の $\frac{1}{\lambda}$ 倍よりも低く，$w(t)$ よりも高い価格を付けることによって正の利潤を獲得することが可能となるからである。2 番手の企業が $w(t)$ よりも小さい価格を付けた場合には，2 番手の企業が中間財を製造，販売することから得られる利潤は負となる。中間財の販売をまったく行わなかった場合の利潤はゼロであるので，2 番手の企業は $w(t)$ よりも低い価格を付けることは決してないであろう。したがって 2 番手の企業が付けることのできる最小の価格は $w(t)$ となる。したがって，最先端企業が $\lambda w(t)$ 以下の価格を設定した場合には，最先端製品がその製品ラインにおいて最も低い品質調整済みの価格をもつことになる。このとき，最先端企業がその製品ラインのすべての需要を獲得する。$\tilde{m}$ の定義より，このときの最先端製品の価格は $p_{i\tilde{m}}(t)$ と書くことができる。需要関数(3.11)を考慮すると，価格が高ければ高いほど企業の利潤もまた高くなることがわかる。したがって，各最先端企業は

$$p_{i\tilde{m}}(t) = p(t) = \lambda w(t) \tag{3.13}$$

という限度価格を付けることによってそのラインにおけるすべての需要を獲得することになる。ただし，$p(t)$ は各製品ラインにおける最先端製品の共通の価格である。各製品ラインにおいて製品の価格が等しいため，販売量，および利潤もまた等しくなることに注意しよう。このときの利潤，販売量をそれぞれ，$\pi(t), x(t)$ で表すと次の関係が成立する。

$$\pi(t) = (\lambda - 1) w(t) x(t). \tag{3.14}$$

次に R＆D 部門について検討することにしよう。R＆D 部門に企業は自由に参入できるものとする。R＆D に従事する企業は，株式を発行して $[0, 1]$ の間に存在している産業の品質を改善するための設計図（blueprint）

を開発する。企業は dt という期間に ι という集約度で研究活動を行うことによって ιdt の確率で品質の改良に成功するものとする。企業は $(1-\iota dt)$ の確率で研究に失敗し，この場合には失敗した研究からは何ら得られるものはない。ここで，集約度 ι の研究を行うためには $\frac{1}{c}\iota$ 単位の労働が必要であるものとする。研究に成功した企業は，それ以降，その製品を独占的に製造・販売し，各期において(3.14)で与えられた利潤を獲得する。同じ製品ラインにおいて他の企業による研究活動が成功し，より高い品質をもつ製品が発明された場合には，その企業はもはや最先端企業ではなく，2番手の企業となる。したがって，同じ製品ラインにおいてイノベーションが生じた瞬間から，その企業は新たな最先端企業とのベルトラン競争に敗れ，市場から駆逐されることになる。

ここで本章の研究部門における重要な仮定について述べておくことにしよう。第1に企業は成功しなかった研究からは何ら成果を得られない。その代わり，すべての企業は市場に出ている製品を分析することによって品質の梯子上の段階を踏まずに最先端製品の開発が可能であるという仮定である。この仮定は，リバース・エンジニアリング（reverse engineering）を想定するとよい。各企業は市場に出回っている最先端製品を分析したり研究したりすることによって自らが研究を行う際に有益となるような情報を獲得できるのである[3]。

第2に収穫逓減性は存在しない。R&D部門における産出量は第2章のバラエティー拡大モデルにおいては新製品の数であったが，本章の品質上昇モデルにおいては新製品の開発における研究の集約度，あるいは品質改良の成功確率と解釈できるであろう。すると第2章同様，ここでのモデルにおいても研究部門における規模に関する収穫一定性が仮定されていることがわかる。

(3.14)より，研究に成功した場合に得られる報酬は，製品ラインに関して無差別である。したがって，研究を行おうとする企業にとっては，どれか特

---

[3] リバース・エンジニアリングについては中村等（1995）を参照せよ。

定の製品ラインに対して集中的に資源を投入しようとする理由は存在しない。ここではすべての $i(i \in [0,1])$ において，最先端製品は，等しい確率で品質改良のターゲットになっていると仮定する。このとき各産業に等しい研究の集約度を ι で表し，産業全体での研究の集約度を $\int_0^1 \iota di$ と定義すると

$$\int_0^1 \iota di = \iota \tag{3.15}$$

となる。すなわち，ι は各製品ラインに共通の研究の集約度だけではなく，産業全体での研究の集約度をも表すことになる。ここで，t 期において最先端製品を生産可能であるような企業が $t+\tau$ 期（ただし，$\tau \geq 0$）以前に他の企業の研究活動によって市場から駆逐されてしまうような確率，τ 期において市場から駆逐されてしまう確率をそれぞれ $F_\iota(\tau)$, $f_\iota(\tau)$ で表すことにしよう。$F_\iota(\tau)$, $f_\iota(\tau)$ はそれぞれ累積分布関数，累積密度関数であり，

$$F_\iota'(\tau) = f_\iota(\tau) \tag{3.16}$$

となっていることに注意しよう。いま，τ 期から微少期間 $d\tau$ の間に研究の成功が生じた場合について検討しよう。この期間の成功によって，市場から駆逐されてしまうような確率の上昇分は $F_\iota(\tau + d\tau) - F_\iota(\tau)$ である。τ 期においてその企業が市場での地位を保ち続けている確率は $1 - F_\iota(\tau)$ であり，この区間におけるイノベーションの成功確率は $\iota(\tau) d\tau$ である。この微少区間においてイノベーションが生じ，最先端企業が市場から駆逐される確率は $\iota(\tau)(1 - F_\iota(\tau)) d\tau$ である。すなわち，

$$F_\iota(\tau + d\tau) - F_\iota(\tau) = \iota(\tau)(1 - F_\iota(\tau)) d\tau \tag{3.17}$$

である。両辺を $d\tau$ で割り，微少区間 $d\tau$ を $d\tau \to 0$ とすると以下の関係が成立する。

$$F_\iota'(\tau) = f_\iota(\tau) = \iota(\tau)(1 - F_\iota(\tau)). \tag{3.18}$$

これを解くと次のようになる。

$$F_\iota(\tau)=1-e^{-\int_t^\tau \iota(\eta)d\eta}. \tag{3.19}$$

すなわち，τ 期において企業が市場での地位を保ち続けている確率は

$$1-F_\iota(\tau)=e^{-\int_t^\tau \iota(\eta)d\eta} \tag{3.20}$$

である。

次に R & D がもたらす価値について検討することにしよう。ある期において研究活動に従事し品質の改善を果たすことに成功した企業は，同じ製品ラインにおいて次の R & D が成功するまでの間，各期において (3.14) で与えられた利潤を獲得する。ある期において得られる期待利潤は，その時点において市場での地位を保ち続けている確率に (3.14) を乗じたものである。したがって，各企業の株式市場価値は以下のように定義されることになる。

$$v(t)=\int_t^\infty e^{-\int_t^{t'}[r(\eta)+\iota(\eta)]d\eta}\pi(t')dt'. \tag{3.21}$$

ただし，$v(t)$ は企業の株式市場価値である。(3.21) の両辺を t で微分すると以下のような非利ザヤ条件を導出することができる。

$$r(t)v(t)=\pi(t)+\dot{v}(t)-\iota(t)v(t). \tag{3.22}$$

この式の右辺は，ある企業に $v(t)$ という額だけ投資をしている投資家の利潤フローである。各期において投資家は，利潤 $\pi(t)$ という利潤を受け取り，$\dot{v}(t)$ というキャピタル・ゲインを得る（もしくはキャピタル・ロスを被る）。$\iota(t)v(t)$ は次の世代の製品を開発している企業の研究活動が成功したために企業の株式市場価値，$v(t)$ がゼロになってしまう期待値である。左辺はリスクのない分野に投資をしたときの収益であり資本市場の均衡によって両者が等しいことが保証される。第 2 章のモデルにおいては，いったん研究活動に成功し，新製品の開発に成功した企業が市場から駆逐されることはなかったので，$\iota(t)v(t)$ に対応する項は存在しなかった。これに対して本章においては，より高い品質をもつ新製品の開発によって，古い財の製造権を有する企業が市場での地位を失う可能性があるためにこのような項が存在するので

ある。

　最後に自由参入条件について検討する。仮定より単位時間当たりに集約度 ι という R & D に投入される労働量は $\frac{1}{\varepsilon}\iota$ である。そのような活動に成功した場合に生み出される価値は $v(t)$ であり，成功する確率は ι である。$v(t) > \frac{1}{\varepsilon}w(t)$ である場合には企業は労働投入を増やせば増やすほど（期待）利潤を増加させることができる。しかしこのような状況は均衡では起こり得ない。したがって，自由参入条件として以下の関係が成立する。

$$v(t) \leq \frac{1}{\varepsilon}w(t). \tag{3.23}$$

ただし，$\iota > 0$ である場合，すなわち研究活動が行われている場合には (3.23) は常に等号で成立する。$v(t) < \frac{1}{\varepsilon}w(t)$ である場合には，企業は自らの利潤最大化において $\iota = 0$ を選択するからである。

　ここまでの議論では，暗黙のうちに最先端企業が研究活動に従事しないということを仮定してきた。この仮定が実際に正しいということを実際に証明しておこう。いま，最先端企業が R & D 部門に資源を投入し，新製品の開発に成功したものとしよう。このとき最先端製品は 2 番手の製品に対して品質の梯子上で 2 段階の差をつけることになる。したがって，最先端企業は $\lambda^2 w$ という価格付けを行い，$(\lambda^2 - 1)w(t)x(t)$ という利潤を受け取る。したがって各期においてこのような研究のもたらす価値は $[(\lambda^2 - 1) - (\lambda - 1)]w(t)x(t) = \frac{1}{\lambda}(1 - \frac{1}{\lambda})E_x(t)$ となる。この値は (3.14) で示されたものよりも低い。したがって，最先端企業が研究活動を行うインセンティブは存在しないことになる[4]。

　次に家計の行動について規定しよう。家計は各期において労働を提供し賃金を受け取る。また資産に対する配当を受け取る。そして，得た収入を消費と貯蓄に振り分ける。代表的家計の目的関数を第 2 章同様以下のように設定する。

4） このような帰結は最先端企業が研究部門や製造部門における優位性をもたないという仮定に依存していることに注意しよう。

$$U=\int_0^\infty e^{-\rho t}\left[\frac{c(t)^{1-\sigma}-1}{1-\sigma}\right]dt. \tag{3.24}$$

家計の資産の蓄積方程式は,次のようになる。

$$\dot{a}(t)=r(t)a(t)+w(t)-c(t). \tag{3.25}$$

ただし,$a(t)$ は一人当たりの資産であり,$a(0)=a_0$ は所与である。家計の問題は利子,および賃金の流列を所与として,(3.24)を最大にするような $c(t)$ の時間経路を選択するものとなる[5]。カレント・バリュー・ハミルトニアンは次のように設定される。

$$\mathscr{H}=\frac{c^{1-\sigma}-1}{1-\sigma}+\nu(r(t)a+w(t)-c). \tag{3.26}$$

ただし,ν は所得のシャドー・プライスである。最大化のための条件として以下の関係が成立する。

$$\frac{\partial \mathscr{H}}{\partial c}=0 \Rightarrow c(t)^{-\sigma}=\nu(t), \tag{3.27}$$

$$\dot{\nu}-\rho\nu=-\frac{\partial \mathscr{H}}{\partial a} \Rightarrow \dot{\nu}(t)-\rho\nu(t)=-r(t)\nu(t). \tag{3.28}$$

横断性条件は次のようになる。

$$\lim_{t\to\infty} e^{-\rho t}\nu(t)a(t)=0. \tag{3.29}$$

消費の成長率は以下の式で与えられる。

$$g_{c(t)}=\frac{1}{\sigma}(r(t)-\rho). \tag{3.30}$$

3.3 長期均衡

ここで前節における均衡条件がみたされ,かつ各変数が一定の(しかし同

[5) ただし,家計は第2章同様,借り入れ制約に直面しているものとする。

一とは限らない）率で成長していくような定常状態に議論を集中することにする。また，以下では記号の簡略化のために (t) を省略する（ただし，必要に応じて付けることもある）。第2章と同様の議論を繰り返すことによって，定常状態では結果として Y, C, K がそれぞれ等しい率で成長することがわかる。ただし，$C \equiv cL$ は総消費量である。このことを利用し生産関数を整理すると

$$g_Y = g_Q \tag{3.31}$$

となる。ここで，具体的に g_Q を求めることにしよう。(3.6)，およびすべての製品ラインにおいて需要される中間財の量が等しいという事実を用いると，

$$\log Q(t) = \int_0^1 \log \hat{q}_j dj + \log x \tag{3.32}$$

と変形できる。ここで，t という期間に，ある製品ラインにおいて n 回品質改良が生じる確率を $f(n, t)$ で表すことにする。産業が $[0, 1]$ の範囲に連続的に存在しているため，大数の法則により $f(n, t)$ は n 回品質改良が生じる産業の割合をも表すことになる。t 期における最先端製品の品質の対数値の平均は

$$\int_0^1 \log \hat{q}_j(t) dj = \sum_{n=0}^{\infty} f(n, t) \log \lambda^n \tag{3.33}$$

となる。ただし，$\hat{q}_j(t)$ は第 j 中間財の最先端製品の品質である。ここで，

$$\sum_{n=0}^{\infty} f(n, t) \log \lambda^n = \log \lambda \sum_{n=0}^{\infty} f(n, t) n \tag{3.34}$$

となる。Feller (1957) にしたがい，ポアソン分布の性質を用いて

$$\sum_{n=0}^{\infty} f(n, t) n$$

を計算すると次のようになる。

$$\sum_{n=0}^{\infty} f(n, t) n = \sum_{n=0}^{\infty} \frac{e^{-\iota t}(\iota t)^n}{n!} n$$

$$= e^{-\iota t}\iota t \sum_{n=0}^{\infty}\frac{(\iota t)^{n-1}}{(n-1)!}$$

$$= e^{-\iota t}\iota t e^{\iota t}$$

$$= \iota t. \tag{3.35}$$

したがって

$$\int_0^1 \log \hat{q}_j(t)dj = \iota t \log \lambda \tag{3.36}$$

となる。定常状態において x が一定であることに注意し，Q の成長率を導出すると以下のようになる。

$$g_Q = \iota \log \lambda. \tag{3.37}$$

そして，

$$Q(t) = \lambda^{I(t)} x(t) \tag{3.38}$$

となる。ただし，$I(t) \equiv \int_0^t \iota(t')dt'$ （したがって，$\dot{I}(t) = \iota(t)$）である。長期的な成長率を求めるためには，長期的に一定となる ι の定常状態値を求めることが必要である。研究部門と製造部門に用いられる労働量をそれぞれ，L_R，L_x で表すことにしよう。いま，$L_R = \int_0^1 \frac{1}{\varepsilon}\iota di = \frac{1}{\varepsilon}\iota$ であるので，$\iota = \varepsilon L_R$ となることに注意すると，$\frac{\dot{L}_R}{L_R} = \frac{\dot{L}_x}{L_x} = 0$ となる。ここで $x = L_x$ であるので，(3.23) および，$x = \frac{(1-\alpha)Y}{p} = \frac{(1-\alpha)Y}{\lambda \varepsilon v}$ から，次の関係が成立することがわかる。

$$g_Y = g_v = g_w = g_p. \tag{3.39}$$

ここで，定常状態における成長率を導出することにしよう。第 1 に，労働市場に注目する。R＆D 活動に使用される労働投入量は，$\frac{1}{\varepsilon}\iota$ であり，中間財製造部門に投入される労働量は x となるので，この 2 つの和を外生的な労働供給量，L に一致させることにより，労働市場均衡条件が以下のように表される。

$$\frac{1}{\varepsilon}\iota + x = L. \tag{3.40}$$

次に，非利ザヤ条件を検討する。(3.22) より次の関係が成立する。

$$\frac{\pi}{v} + \frac{\dot{v}}{v} = r + \iota. \tag{3.41}$$

これを変形すると次のようになる[6]。

$$(\lambda - 1)\varepsilon x = \iota + (\sigma - 1)g_Y + \rho. \tag{3.42}$$

これを労働市場均衡条件および $g_Y = g_K = g_Q = \iota \log \lambda$ という関係を用いて変形し，分権経済における成長率，g_Y^d を求めると次のようになる。

$$g_Y^d = \left[\sigma - 1 + \frac{\lambda}{\log \lambda}\right]^{-1}[(\lambda - 1)\varepsilon L - \rho]. \tag{3.43}$$

ここでは長期的な成長率が正になることを保証するために

$$(\lambda - 1)\varepsilon L - \rho > 0$$

というパラメータ制約を課すことにしよう。(3.43)より，異時点間の代替の弾力性が高いほど（σ が小さいほど），R＆D部門における生産性が高いほど（ε が大きいほど），経済の規模が大きいほど（L が大きいほど），そして，家計が忍耐強いほど（ρ が小さいほど），長期的な成長率は高くなることがわかる。この結論は第2章でもたらされたものとまったく同じである。ただし，本章の品質上昇モデルにおいては第2章のように ξ ではなくR＆Dの品質上昇に対する評価を表す λ が入っていることに注意しよう。ただし，この λ の役割は第2章のモデルにおける ξ のそれと類似している。第2章のモデルでは ξ が小さいほど製品間の代替性があるために中間財部門において各企業が獲得できる利潤が高くなった。本章のモデルでは品質上昇に対する評価が高いほど（λ が大きいほど），研究活動に従事することによってもたらされる利潤が高くなる。λ が大きいときほど利潤が高くなるため，イ

---

6) $g_v = g_Y, r = \sigma g_Y + \rho, \frac{\pi}{v} = \frac{(\lambda-1)wx}{v} = (\lambda-1)\varepsilon x$ に注意しよう。

ノベーションを行おうとする企業家のインセンティブは高まり，経済成長率も促進されることになる。なお，定常状態の局所的安定性についての議論は補論を参照せよ。

最後に横断性条件について言及しておこう。横断性条件は

$$-\rho+(1-\sigma)g_Y^d<0 \tag{3.44}$$

であるときにみたされる。仮定より，$g_Y^d>0$ であるので，$\sigma\geq 1$ であるような場合には，これは常にみたされることになる。$\sigma<1$ である場合には，g_Y^d がそれほど大きくないことが横断性条件が成立するための十分条件となる。ここでは，横断性条件が成立するようにパラメータ制約を課すことにしよう。横断性条件が成立する場合には，効用水準(3.24)が有限値をとるということも指摘しておくことにしよう。

3.4 厚　生

ここでは社会的に最適な状態を求めることにする。社会的計画者の問題は，研究の蓄積を表す $\dot{I}=\iota$，資本の蓄積方程式，

$$\dot{K}=AK^\alpha Q^{1-\alpha}-C, \tag{3.45}$$

および

$$\frac{1}{\varepsilon}\iota=L_R, \tag{3.46}$$

$$\int_0^1 x_i di=L_x, \tag{3.47}$$

$$L_R+L_x=L \tag{3.48}$$

を制約として代表的家計の効用を最大にするものとなる。ただし，$K(0)=K_0, I(0)=I_0$ は所与である。

本章においても静学的な問題から考えることにしよう。社会的に最適であ

るならば，製造部門において，所与の L_x に対して，Q （したがって，$\log Q$）は最大化されていなければならない。任意の品質に対して中間財1単位を生産するためには労働1単位が必要であるため，すべての製品ラインにおいて用いられるのは最先端製品だけである。このことを考慮すると，社会的計画者は各期において以下のような製造部門における資源配分問題に直面することになる。

$$\max \int_0^1 \log \hat{q}_i x_i di \tag{3.49}$$

$$\text{subject to} \int_0^1 x_i di = L_x. \tag{3.50}$$

この等周問題のオイラー方程式は，ある $\bar{\nu}$ が存在して

$$\frac{1}{x_i(t)} = \bar{\nu} \tag{3.51}$$

となるというものである。これはすべての製品 i において成り立つので，任意の i に対して使用される中間財の量は等しくなる。この量を x で表すとすべての i に対して $x_i = x$ であり，$L_x = x, L_R = L - x$ となる。したがって，ここでの制約条件は結局

$$\dot{K} = AK^\alpha (\lambda^I x)^{1-\alpha} - C, \tag{3.52}$$

$$\dot{I} = \iota = \varepsilon(L - x) \tag{3.53}$$

という2つの式に帰着する。

カレント・バリュー・ハミルトニアンは次のように設定される。

$$\mathscr{H} = \frac{c^{1-\sigma} - 1}{1 - \sigma} + \mu_1 (AK^\alpha (\lambda^I x)^{1-\alpha} - cL) + \mu_2 (\varepsilon(L - x)). \tag{3.54}$$

ただし，μ_1, μ_2 は，それぞれ資本と研究の蓄積度に関するシャドー・プライスである。最大化のための条件として次の関係が成立する。

$$\frac{\partial \mathscr{H}}{\partial c} = 0 \Rightarrow c^{-\sigma} = \mu_1 L, \tag{3.55}$$

$$\frac{\partial \mathscr{H}}{\partial x}=0 \Rightarrow x=(1-\alpha)\frac{Y\mu_1}{\varepsilon\mu_2}, \tag{3.56}$$

$$\dot{\mu}_1-\rho\mu_1=-\frac{\partial \mathscr{H}}{\partial K} \Rightarrow \frac{\dot{\mu}_1}{\mu_1}=\alpha\frac{Y}{K}-\rho, \tag{3.57}$$

$$\dot{\mu}_2-\rho\mu_2=-\frac{\partial \mathscr{H}}{\partial I} \Rightarrow \frac{\dot{\mu}_2}{\mu_2}=\rho-(1-\alpha)\log\lambda\frac{Y\mu_1}{\mu_2}. \tag{3.58}$$

横断性条件は

$$\lim_{t\to\infty}e^{-\rho t}\mu_1 K=0, \tag{3.59}$$

$$\lim_{t\to\infty}e^{-\rho t}\mu_2 I=0 \tag{3.60}$$

となる．本節でも定常状態に焦点を集中することにしよう．次の関係が成立している．

$$g_Y=-\frac{1}{\sigma}g_{\mu 1}, \tag{3.61}$$

$$g_Y+g_{\mu 1}-g_{\mu 2}=(1-\sigma)g_Y-g_{\mu 2}=0. \tag{3.62}$$

したがって，

$$g_{\mu 2}=(1-\sigma)g_Y \tag{3.63}$$

となる．生産関数より再び

$$g_Y-g_Q=\iota\log\lambda \tag{3.64}$$

という関係が成立する．(3.58)を労働部門の制約条件を考慮して変形すると

$$g_{\mu 2}=\rho-(\log\lambda)\varepsilon L+g_Y \tag{3.65}$$

となる．(3.63)，(3.64)，(3.65)より，社会的に最適な成長率は次のようになる．

$$g_Y^* = \frac{1}{\sigma}[(\log\lambda)\varepsilon L - \rho]. \tag{3.66}$$

社会的に最適な成長率は一般的には分権経済におけるそれとは一致しない。本章においては研究部門において3つの外部性が生じている。第1にイノベーションによって，最終財企業が中間財に対する所与の支出に対してより多くの最終財を産出できるようになるという正の効果，第2に知識のスピルオーバーという形での研究部門に与える正の効果，そして第3に現存の最先端企業の利潤を破壊する負の効果である。2つの正の効果が負の効果を上回っている（下回っている）場合には社会的に最適な成長率は市場経済のそれよりも大きくなる（小さくなる）。社会的に最適な成長率が分権経済におけるそれと比べて高くなっても低くなってもよいという帰結は，多くの品質上昇モデルの先行研究で得られた結果と同じである。これは社会的に最適な成長率は分権経済のものよりも必ず高くなるという第2章のバラエティー拡大モデルにおける結果とは対照的である。

横断性条件は

$$-\rho + (1-\sigma)g_Y^* < 0 \tag{3.67}$$

であるときにみたされる。分権経済のときと同様，$\sigma \geq 1$であることが横断性条件をみたすための十分条件となる。また，横断性条件がみたされるときには，(3.24)が有限値をもつということも指摘しておく。

ここで，厚生水準について検討しよう。再び定常状態に限定して議論を行うことにする。定常状態においては消費と最終財の成長率を用いると，(3.24)は以下のように変形できる。

$$U = \int_0^\infty e^{-\rho t}\left[\frac{[c(0)e^{g_Y t}]^{1-\sigma} - 1}{1-\sigma}\right]dt. \tag{3.68}$$

$c(0)$については以下の関係が成立する。

$$c(0) = \frac{K(0)}{L}[\bar{A}x^{1-\alpha} - g_Y]. \tag{3.69}$$

ただし，$\bar{A} = AK(0)^{\alpha-1}\lambda^{I(0)(1-\alpha)}$である。また，横断性条件がみたされるとき

には，厚生水準が有限の値を取るということもわかる。本章においても第2章同様，g_Y の上昇には2つの相反する効果があることに注意しよう。1つは，これによって，初期時点における所与の支出量に対して各期の消費が高まるというプラスの効果である。もう1つは，g_Y の上昇はより多くの資源を研究部門に投入しなければならないため，労働部門の資源制約によって，製造部門にまわされる労働が減少することになる。この効果は，g_Y の上昇によって $c(0)$ が減少するという負の効果によって表される。

厚生水準を求めると次のようになる。

$$U = \frac{1}{1-\sigma}\left[\frac{k(0)^{1-\sigma}}{\rho+(\sigma-1)g_Y}[\bar{A}x^{1-\alpha}-g_Y]^{1-\sigma}-\frac{1}{\rho}\right]. \tag{3.70}$$

(3.70)は厚生水準が g_Y と x に依存して決まることを示唆している。

第2章と同様の方法で無差別曲線の傾きを求めることにしよう。(3.70)を全微分し $dU=0$ とおく。そして，$\frac{\partial U}{\partial x}, \frac{\partial U}{\partial g_Y}$ から無差別曲線の傾きを求めると以下のようになる。

$$\frac{\partial g_Y}{\partial x} = -\frac{\rho-(1-\sigma)g_Y}{x}. \tag{3.71}$$

したがって，適切なパラメータ制約のもとでは無差別曲線は $g_Y - x$ 平面上の右下がりの曲線となる。$\frac{\partial^2 g_Y}{\partial x^2}$ を求めると適切なパラメータ制約のもとでは

$$\frac{\partial^2 g_Y}{\partial x^2} = -\frac{\sigma}{x}\frac{\partial g_Y}{\partial x} > 0 \tag{3.72}$$

となる。第2章同様，無差別曲線は原点に対して通常のように凸の形状となる。

ここで，労働部門における資源制約と関連付けるために，無差別曲線を $\iota - x$ 平面に書き直してみよう。資源制約を表す式は，$\iota - x$ 平面において，傾きが $-\frac{1}{\varepsilon}$ の直線として表される。$g_Y = \iota \log \lambda$ であるため，$\frac{\partial \iota}{\partial X} < 0, \frac{\partial^2 \iota}{\partial X^2} > 0$ となる。ここで，無差別曲線上の傾きが $-\frac{1}{\varepsilon}$ である点を求めると，その点では $\iota = \iota^* = \frac{g_Y}{\log \lambda}$ となることも確認できる。この点は，図3.2の E のような点で表されている。当然のことであるが，資源制約のもとで厚生水準は最大となっている。本章のモデルにおいては市場経済における成長率は社会的に

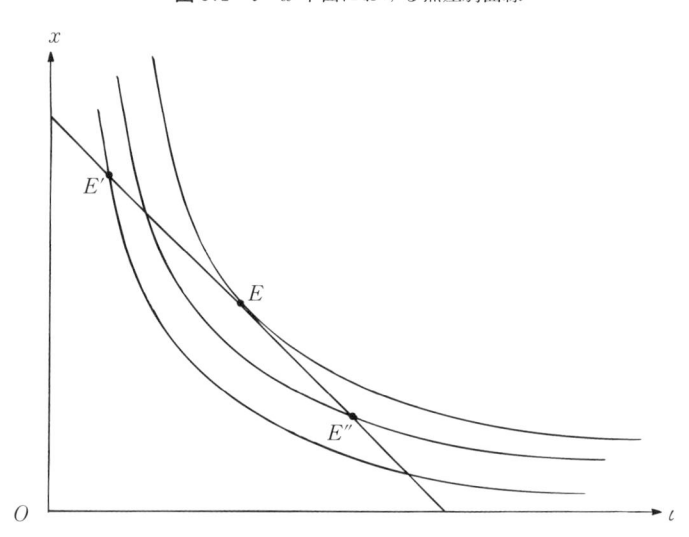

図 3.2　$\iota-x$ 平面における無差別曲線

最適なものと比較して高くなっても低くなってもよかったので，市場経済においてもたらされた均衡は図における E' のような点であるかもしれないし，E'' のような点であるかもしれない。第 2 章とは異なり，市場経済における成長率が高すぎる場合には市場均衡において達成される資源配分は E'' のような点となる。いずれにしてもこれらの点を通る無差別曲線は E 点を通るようなものと比較すると必ず低くなっている。

3.5　政府の政策

前節までの議論で分権経済における成長率と社会的に最適なそれとは必ずしも一致しないことが明らかになった。また第 2 章のモデルとは異なり分権経済における成長率は社会的に最適なものと比較して高くなるかもしれないし，低くなるかもしれない。しかしながら両者の成長率に乖離が存在するという事実が政府政策の必要性を示唆しているという点は変わらない。ただし，上で述べたような第 2 章との相違点によって，政府の政策手段が必ずしも研

究活動への助成ではなく課税政策かもしれないということが以下では導き出される。

まずは，R＆Dに対する助成政策を考えてみることにしよう。政府が，R＆Dにかかる費用の一部を負担することにする。政府が負担する割合をψで表すことにしよう。ただし，家計の行動に対して異時点間の影響が出ないように，政府は一括税を課すことによって，助成に対する財源を確保するものとしよう。今，R＆D部門において企業が負担する賃金率は$w(1-\psi)$となっているので，（R＆Dがなされている状況での）自由参入条件は

$$v = \frac{w(1-\psi)}{\varepsilon} \tag{3.73}$$

となる。したがって，非利ザヤ条件は次のようになる。

$$\frac{(\lambda-1)\varepsilon x}{1-\psi} = \iota + (\sigma-1)g_Y + \rho. \tag{3.74}$$

労働市場均衡条件はこのような政策が施行されても影響を受けないことを考慮すると，g_Y^*を達成するための最適助成率，ψ^*は

$$\psi^* = \frac{\left[\sigma - 1 + \dfrac{\lambda}{\log \lambda}\right]}{\left[\sigma - 1 + \dfrac{1}{\log \lambda}\right] g_Y^* + \rho}(g_Y^* - g_Y^d) \tag{3.75}$$

となることがわかる。$g_Y^* > g_Y^d$である場合には，分権経済における成長率は社会的に最適なものと比べて低すぎるために，政府はR＆D部門に助成を行う（$\psi^* > 0$）ことによって研究活動を促進し，経済成長率を高めなければならない。逆に，$g_Y^* < g_Y^d$である場合には，分権経済における成長率は高すぎるため政府はR＆D部門に課税を行う（$\psi^* < 0$）ことによって，研究活動を抑制し経済成長を減速させなりればならない。第2章のモデルとは異なり，市場経済における成長率が社会的に最適なものと比較して高すぎる場合には，課税政策を行うこともありうるということに注意しよう[7]。このよう

7）$\psi^* < 0$である場合には政府は家計に対してマイナスの一括税を課す，すなわち一括の助成をすると考えるとよい。このような助成が家計の異時点間の問題に何ら影響を与えないのは明らかである。

な政策を採用することによって経済は社会的に最適な率で成長することになる。

次に中間財業者への助成を検討することにしよう。中間財業者は，最終財企業への販売価格 p に対して，$p(1+\psi_x)$ だけ受け取るものとしよう。ただし，ψ_x は助成率である。中間財業者の利潤関数は次のようになる。

$$\pi_i = p_i(1+\psi_x)x_i - wx_i. \tag{3.76}$$

中間財企業が直面している需要関数は，依然として(3.11)のままであることに注意すると，それらが利潤最大化のために設定する価格は

$$p_i = p = \frac{\lambda w}{(1+\psi_x)} \tag{3.77}$$

となる。また，$px = (1-\alpha)Y$ より，各中間財業者の販売量は $x = \frac{(1-\alpha)Y(1+\psi_x)}{\lambda w}$ である。ここで，$w = \frac{(1-\alpha)(1+\psi_x)Y}{\lambda w}$ という関係を用いると結局収益率は

$$\frac{\pi}{v} = (\lambda-1)\varepsilon x \tag{3.78}$$

となる。すなわち，中間財の購入に対する助成は非利ザヤ条件を変化させないので，成長率もまた変化しないことになる[8]。

3.6 おわりに

本章では，イノベーションを品質の上昇という形で定義した。第2章で定義された定式化のもとでは，より新しい財が多くのサービスを提供するわけではなかったが，本章のモデルでは，新しい財がより古い財と比較してより多くのサービスを提供する。その結果，古い財はイノベーションが生じた結果，市場から駆逐されてしまう可能性がある。この点では，本章のモデルは第2章のモデルと比較してより現実に近いものとなっていると言えるであろう。

---

[8] 第2章でも論じたように，このような助成によって，労働市場均衡条件が変化しないことに注意しよう。

R＆D部門における生産性が高いほど，経済の規模が大きいほど，1回のイノベーションによってもたらされる品質上昇の幅が大きいほど，家計が忍耐強いほど，イノベーション率や経済成長率は高くなる。1回のイノベーションによってもたらされる品質上昇の幅が大きいほど，発明によって企業家が得られる利潤が大きくなるという点を考慮すると，これらのパラメータと経済成長率との関係は第2章のそれと類似したものとなっている。すなわち，市場経済における結果はイノベーションがいかなる形で生じるかということに関係なく類似した結論が得られるのである。

その後，社会的に最適な状態が検討された。市場経済において達成される経済成長率は，社会的に最適なものと比較して低すぎるかもしれないし，高すぎるかもしれない。このことは，市場経済における経済成長率は社会的に最適なものと比較して常に低すぎるという第2章の結果とは対照的である。この帰結は，パレート最適な資源配分を達成するために必要とされる経済政策は，R＆Dに対する助成政策ではなく課税政策であるかもしれないということを示唆している。もっと正確に言うと，市場経済において達成される成長率が社会的に最適なものと比較して高すぎる場合にはR＆Dに対する課税政策が必要となる。第2章同様，市場経済における経済成長率が低すぎるという場合には，研究活動に対する助成政策がなされることになる。

3.7 補論：定常状態の局所的安定性

ここでは定常状態の局所的安定性について検討することにしよう。KとCの成長率は次のようになる。

$$g_K = \hat{y} - \hat{c}, \tag{3.79}$$

$$g_C = g_c = \alpha\hat{y} - \rho. \tag{3.80}$$

ただし，$\hat{y} \equiv \frac{Y}{K}, \hat{c} \equiv \frac{C}{K}$である。生産関数(3.1)より

$$g_Y = \alpha g_K + (1-\alpha)(\log\lambda)\iota + (1-\alpha)g_x \tag{3.81}$$

となる。すべての $i \in [0,1]$ において $x_i = x$ であることに注意しよう。$px = \lambda \varepsilon v = (1-\alpha)Y$ より，$\frac{\dot{v}}{v} = g_Y - g_x$ である。したがって，非利ザヤ条件は以下のようになる。

$$(\lambda - 1)\varepsilon x + g_Y - g_x - \hat{y} - \iota = 0. \tag{3.82}$$

ここで，(3.81)，(3.79)および労働市場均衡条件を変形した $\iota = \varepsilon(L-x)$ を用いて(3.82)から gY, ι を消去し，まとめると以下のようになる。

$$g_x = -\hat{c} + [\lambda - (1-\alpha)(\log\lambda)]\frac{\varepsilon x}{\alpha} + \text{constant}. \tag{3.83}$$

ここで次のような定義を行う。

$$m_1 \equiv \log\frac{\hat{y}}{\hat{y}_{ss}},$$

$$m_2 \equiv \log\frac{\hat{c}}{\hat{c}_{ss}},$$

$$m_3 \equiv \log\frac{x}{x_{ss}}.$$

ただし，$\hat{y} \equiv \frac{Y}{K}, \hat{c} \equiv \frac{C}{K}$ であり，下添え字 ss は定常状態における水準を表している。(3.81)，(3.83)を利用し，定常状態の近傍において線形近似を行うと次のようになる。

$$\begin{pmatrix} \dot{m}_1 \\ \dot{m}_2 \\ \dot{m}_3 \end{pmatrix} \fallingdotseq \begin{pmatrix} (\alpha-1)\hat{y}_{ss} & 0 & [\frac{1-\alpha}{\alpha}](\lambda-\log\lambda)\varepsilon x_{ss} \\ (\alpha-1)\hat{y}_{ss} & \hat{c}_{ss} & 0 \\ 0 & -\hat{c}_{ss} & [\lambda-(1-\alpha)\log\lambda]\frac{\varepsilon x_{ss}}{\alpha} \end{pmatrix} \begin{pmatrix} m_1 \\ m_2 \\ m_3 \end{pmatrix}.$$

この右辺の3×3行列の行列式の固有根は

$$-v^3 + h_1 v^2 + h_2 v + h_3 = 0 \tag{3.84}$$

の解である。ただし，

$$h_1 \equiv u_1 + u_2 + u_3[\lambda - (1-\alpha)\log\lambda],$$

$$h_2 \equiv -u_1 u_2 - (u_1 + u_2)u_3[\lambda - (1-\alpha)\log\lambda],$$

$$h_3 \equiv u_1 u_2 u_3 \alpha \lambda$$

であり，

$$u_1 \equiv (a-1)\hat{y}_{ss} < 0,$$

$$u_2 \equiv \hat{c}_{ss} > 0,$$

$$u_3 \equiv \frac{\varepsilon x_{ss}}{\alpha} > 0$$

である。(3.84) の定数項の符号は負となる。したがって，負の実部をもつ固有根が少なくても1つ存在することになる。これを $u_4(<0)$ とおくと (3.84) は

$$(-v + u_4)(v^2 + u_5 v + u_6) = 0 \qquad (3.85)$$

と書くことができる。ここで u_4, u_5, u_6 は以下の関係をみたすことに注意しよう。

$$u_4 - u_5 \equiv h_1,$$

$$u_4 u_5 - u_6 \equiv h_2,$$

$$u_4 u_6 \equiv h_3.$$

上記の三次方程式において，$v = u_4$ 以外の解の実部について調べてみるとそれは，$v = -\frac{u_5}{2}$ となる。いま，$h_1 > 0, u_4 < 0$ に注意すると $u_5 = u_4 - h_1 < 0$ であるので，$v = u_4$ 以外の固有根の実部の符号は正となることがわかる。し

がって，定常状態は鞍点となる。

第 4 章

経済成長理論における環境問題

4.1 はじめに

　第2章と第3章においては内生的経済成長理論が検討された。この2つの章では，経済成長が持続可能であるためには，要素蓄積だけではなく企業のR＆D活動によってもたらされるイノベーションもまた重要であるということを指摘してきた。しかしながら，地球環境問題が深刻になっている現在において，経済成長が持続可能であるかどうかを検討する際には，環境上の制約を考慮に入れる必要がある。そこで本章では，経済成長モデルに対して環境の外部性を導入し，議論を展開していくことにする。

　実際，環境問題は，経済成長の持続可能性を語るうえで不可欠なものである。それは，人口増加による食糧問題と砂漠化，有限な資源の減少，公害から，温室効果ガスによる地球温暖化の問題など，我々の生活水準に対して非常に大きな影響を与え得る。特に近年では，その影響はますます大きくなっているように思われる。したがって，経済成長と環境問題の関連性を分析することは非常に興味深い。

　ここで生じてくる1つの大きな問題は，どのようにして環境問題を経済成長モデルの理論的フレームワークの中に組み込むかということである。これについては大きく分けて2つの流れがあるように思われる。1つは，再生不可能資源や枯渇性資源を異時点間にわたりどのように使用するかということや再生可能資源が存在する社会のもとでの持続可能な発展と再生可能資源の動態的関連といった点に焦点を当てている（例えば，Hotelling (1931), Dasgupta and Heal (1979), Krautkraemer (1985), Barret (1992), Beltratti *et al.* (1993), (1996), Tahvonen and Kuuluvainen (1993), Osumi (1998) 等を参照せよ）。

　もう1つは主として排出量と成長との問題を取り扱った研究である。排出物には水質汚濁，大気汚染といった公害をもたらすものもあれば，より広く解釈して，温室効果ガスや環境ホルモンのようなものを想定してもよいであろう。環境問題を汚染の外部性としてモデルの中で取り扱ったものとしては，Stokey (1998) や Gradus and Smulders (1993) 等があげられる。Stokey (1998) は，経済がある一定以上に発展すると，厚生を上昇させるためには，産出量を抑えてでも汚染物に対する規制を行い，排出量を減らすべきだということを主張している。そして，AK モデルを用いて，一人当たりの所得と汚染量との間には逆U字の関係があることを理論的に導出している。このような逆U字の関係は，環境クズネッツ曲線と呼ばれ[1]，Seldon and Song (1993), Grossman and Krueger (1995), 松岡・松本 (1998) 等の実証研究によってももたらされている。

　Gradus and Smulders (1993) は，新古典派モデル，AK モデル，人的資本を伴う内生的成長モデルといった3つのケースを想定し，定常状態における汚染量と成長率の関係に焦点を当てている。そして，人的資本を伴う内生的成長モデルにおいて，環境水準が人的資本の蓄積に対して悪影響を与えるような場合[2]には，汚染に対する不効用の程度が大きい社会ほど長期的な成長率が高くなるといった興味深い帰結ももたらされている。

　また，国際的な協調のもとで排出物を減らすような共同実施やCDM (Clean Development Mechanism) に関する研究も近年行われてきている[3]。

1）この用語は Kuznetz (1955) に由来する。Kuznetz (1955) は経済発展の初期の段階では所得格差は広がるがその後縮小する――すなわち，一人当たりの所得と所得格差との間には逆U字の関係がある――ということを主張した。一人当たりの所得と所得格差との間にあるこのような関係は通常クズネッツ曲線と呼ばれている。環境クズネッツ曲線は一人当たりの所得と汚染量との間の逆U字の関係である。

2）例えば，環境ホルモンの問題などが考えられるであろう。

3）これらについてのより明確な定義については第8章を参照せよ。

それについて論及しているものとしては,浅子等（1995），Hagem（1996），藤田（1997），Wirl et al.（1998）等がある。環境の外部性におけるこのような国際的な問題は第8章で取り扱うことにし,本章では閉鎖経済に限定して議論を行うことにする。

本章の以下の部分は次のように構成されている。まず,2節ではStokey（1998）によって展開されたモデルを検討する。3節では環境保護に対して投資活動を行うようなモデルを分析し,最後に4節ではまとめを行う。

4.2 Stokey モデル

本章で検討するのは経済において生産活動がなされる際に汚染もまた排出されるようなモデルである。本節では特にStokey（1998）で展開されたモデルをもとにして議論を行うことにしよう。4.2.1では静学モデルを分析する。4.2.2および4.2.3では動学モデルを分析する。4.2.4では汚染税や排出許可証等を導入し,市場経済のもとでの環境政策について言及する。

4.2.1 静学モデル

まずは静学モデルから分析を行うことにしよう。最終財は唯一かつ同質であり,以下のような技術のもとで生産されるものとする。

$$Y = AKz. \tag{4.1}$$

ただし,Y, A, Kはそれぞれ最終財の総産出量,生産性のパラメータ,資本ストック量,zは環境技術の指標であり,$z \in [0,1]$とする。$z \in [0,1]$であるため,所与のAKに対して最終財の産出可能な最大量はAKである。これをStokey（1998）は「潜在的な産出量」（potential output）と定義している。上の定式化によると,実際の生産量は潜在的な産出量と使用される技術の指標との積で表されることがわかる。一人当たりの産出量は次のようになる。

$$y = Akz. \tag{4.2}$$

ただし，y, kはそれぞれ一人当たりの産出量，資本ストック量であり，総人口をLとすると，$y \equiv \frac{Y}{L}$, $k \equiv \frac{K}{L}$となる。

汚染は生産過程においてのみ排出されるものとする。議論の簡単化のために，消費などから発生する汚染は考えないことにする。汚染の排出過程を表す関数を次のように規定することにしよう。

$$D = AKz^\beta. \tag{4.3}$$

ただし，Dは総排出量，βはパラメータである。以下，$\beta > 1$とする。(4.1)，(4.3)より，以下の関係が成立する。

$$D = Yz^{\beta-1}. \tag{4.4}$$

汚染量と最終財の産出量の間に(4.4)のような関係が成立するモデルを本書を通じてStokeyモデルと呼ぶことにする。このモデルにおいては，最終財の生産量が正の量で行われるときには必ず汚染が排出されることがわかる。(4.1)，(4.3)より，所与のAKに対して，zを上昇させることによって生産量を増やせば汚染は逓増的に増加することもわかるであろう（すなわち，$\frac{dD}{dY} > 0$, $\frac{d^2D}{dY^2} > 0$である）。$z = 1$のとき，産出量と汚染量はともに最大となる。zの値を1から減少させると両者はともに減少する。最終的に$z = 0$のときには産出量，汚染量ともゼロとなる。これらのことからzは汚染に対する規制水準，あるいは，省エネ活動をどの程度行っているのかを表す尺度などと解釈することもできるであろう。この解釈では，$z = 1$を規制がまったく行われていない，あるいは省エネがまったく行われていない状況とみなすことができる。zの値を1から減少させると両者はともに減少するため，zが低いときほど規制が強い，あるいは省エネをより行っているものと解釈できる。最も規制が強い，あるいは省エネを行っているときが$z = 0$のときであり，この場合には産出量，汚染量ともゼロとなる。zが十分に大きい場合には，産出量の減少に比べて汚染量の方がより急速に減少することに注意しよ

う。すなわち，省エネや規制を進め産出量を抑えることによって，汚染を加速度的に減少させることが可能となる。しかしながら，z が比較的小さいときには，z を下げることによってもたらされる汚染量の減少は少量となるであろう。

(4.3)において，z を D について解き，これを生産関数に代入すると次式が成立する。

$$Y=(AK)^{\frac{\beta-1}{\beta}}D^{\frac{1}{\beta}}. \tag{4.5}$$

つまり，最終生産物は，潜在的な産出量（もしくは，資本ストック）と排出物に関する一次同次の生産関数になっているということができる。排出物が（実質的に）生産要素となっているような生産関数は，Copeland and Taylor (1994) 等においても用いられている。ただし，Copeland and Taylor (1994) では，最終生産物は労働と排出物に関する一次同次の関数で生産されるものと仮定されている。

次に，消費者の効用（U）について述べることにしよう。代表的個人の効用関数を次のように設定する。

$$U=\frac{c^{1-\sigma}-1}{1-\sigma}-BD^{\gamma}. \tag{4.6}$$

ただし，c は一人当たりの消費量であり，静学モデルにおいては $c=y$ である。また，B は汚染に対する不効用の程度を表すパラメータである。以下，$B>0$ とする。そして，$\sigma>0$, $\gamma>1$ とする。この効用関数では，第1項で消費によってもたらされるプラスの効用が，第2項で汚染から被る不効用が表されている。この効用関数の定式化のもとでは，$\frac{\partial U}{\partial c}>0$, $\frac{\partial^2 U}{\partial c^2}<0$, $\frac{\partial U}{\partial D}<0$, $\frac{\partial^2 U}{\partial D^2}<0$ となる。第2章や第3章での設定とは異なり，効用水準は財の消費だけでなく環境水準にも依存することに注意しよう。

政府は z を適切な政策手段を用いて決定できるものとする。このような政策手段には，汚染に対する規制や省エネ法の施行などが考えられるであろう。本節のモデルにおける社会的計画者の問題は，上記の効用を最大化することである。静学モデルにおいては k の水準は所与であることに注意しよ

う。したがって，社会的計画者は上記の効用を最大にするような z のみを設定する。一階の条件は次のようになる。

$$(Ak)^{1-\sigma}z^{-\sigma} - B\beta\gamma(AkL)^{\gamma}z^{\beta\gamma-1} \geq 0. \tag{4.7}$$

通常，一階の条件は等号で成立する。しかしながら，このケースにおいては $z \in [0,1]$ となっていることに注意しよう。ただし，z が内点解となるときには等号で成立する。(4.7)の左辺の第1項は z を増加させたときの消費の増加に伴う効用の増分であり，第2項は z を増加させたときの汚染の増加に伴う不効用の増分である。$z \in [0,1]$ に注意し，最適な z を z^* で表すことにすると次のようになる。

$$z^* = \begin{cases} 1 & (k \leq k_\delta), \\ (B\beta\gamma L^\gamma)^{-h}(Ak)^{-(\sigma+\gamma-1)h} & (k > k_\delta). \end{cases} \tag{4.8}$$

ただし，$h \equiv \frac{1}{\beta\gamma+\sigma-1} > 0$，$k_\delta \equiv A^{-1}(B\beta\gamma L^\gamma)^{\sigma+\gamma-1}$ である。(4.8)より，$z^* < 1$（すなわち $k > k_\delta$）の範囲では次の関係を導くことができる。

$$\partial z^*/\partial k < 0, \tag{4.9}$$

$$\partial^2 z^*/\partial k^2 > 0. \tag{4.10}$$

したがって，一人当たりの資本ストックがある一定の値を超えると，より小さな値の z が選択される。

次に，総排出量について考察することにしよう。最適な技術の指標（省エネの測度），z^* に対応する汚染量を D^* で表すことにする。$k \leq k_\delta$ のときには，$z^* = 1$ であるので，$D^* = AK$ となる。つまり，一人当たりの資本ストックが十分小さいときには，一人当たりの資本ストックと総排出量との間には正の相関がある。(4.3)と(4.8)に注意すると，$k > k_\delta$ の範囲では総排出量は次のように表される。

$$D^* = A^{h(\beta-1)(1-\sigma)}(B\beta\gamma)^{-h\beta}L^{h(\sigma-1)}k^{h(\beta-1)(1-\sigma)}. \tag{4.11}$$

したがって，$\sigma>1$ のとき，$k>k_\delta$（すなわち，$z^*<1$）という範囲に一人当たりの資本ストックがある場合には，汚染量は一人当たりの資本ストック量の増加とともに減少することがわかる。

次に一人当たりの所得，y について検討しよう。最適値 z^* に対応する一人当たりの産出量を y^* で表すことにする。$k \leq k_\delta$ である場合には，$z^*=1$ となるので，$y^*=Ak$ となる。一方，$k>k_\delta$ である場合には，y^* は，次式で与えられる。

$$y^* = (Ak)^{(\beta-1)\gamma h}(B\beta\gamma L^\gamma)^{-h}. \tag{4.12}$$

よって，$k>k_\delta$ という範囲に k がある場合には，次の関係が成立することがわかる。

$$\partial y^*/\partial k > 0, \tag{4.13}$$

$$\partial^2 y^*/\partial k^2 < 0. \tag{4.14}$$

このことにより，一人当たりの資本ストックがある一定の値を超えると，一人当たりの産出量は，k に対して増加はするがその増加量は k に対して逓減的なものとなる。

ここでの定式化では，z が小さいときほど，汚染に対する規制が強化された状態であった。k と z の関係について以下のような意味付けができる。k が十分に小さいときには，汚染に対する規制がなされないが（すなわち，$z=1$)，k がある一定値を超えると，規制政策が行われる（$z<1$ となる)。その後は，k の増加とともに，汚染に対する規制もまた強化されることになる（$\partial z^*/\partial k<0$)。

これらの結果についての解釈は次のようになる。k が比較的小さいときには，($z=1$ としたときの) 消費の限界効用が生産活動によって排出される汚染の限界不効用を上回っているので，規制や省エネ活動は起こらない（すなわち，$z^*=1$)。しかしながら，消費の限界効用は逓減的であるため一人当たりの資本ストック量 k がある値を超えると，($z=1$ としたときの) 消費の

図 4.1　一人当たりの資本ストック量（k）と汚染に対する規制水準（z）との関係

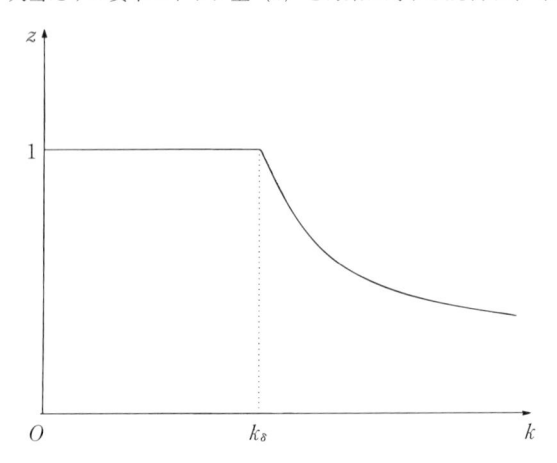

図 4.2　一人当たりの資本ストック量（k）と総排出量（D）との関係（$\sigma>1$ のケース）

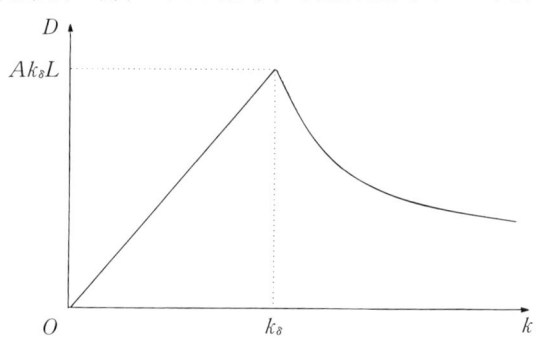

図 4.3　一人当たりの資本ストック量（k）と一人当たりの産出量（y）との関係

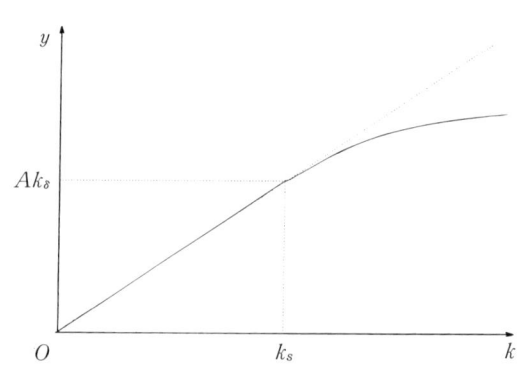

限界効用が充分小さくなる一方，汚染の限界不効用は無視できないほど大きくなる。したがって，$z=1$ の水準から産出量を減らしてでも，省エネや規制を行い汚染を減少させたほうが効用は上昇する。また，一人当たりの資本ストック量の増加とともに汚染に対する規制もまた強化されることにも注意しよう（すなわち，$\partial z^*/\partial k < 0$）。図 4.1 から図 4.3 では，技術の指標（z），総排出量（D），および一人当たりの産出量（y）の最適値が k の関数として描かれている。図 4.2 では汚染と一人当たりの資本ストックの逆 U 字の関係が描かれている。一人当たりの所得と一人当たりの資本ストックとの間には正の相関があるため（図 4.3 を参照せよ），一人当たりの所得と汚染水準との間にもまた逆 U 字の関係がある。汚染量が経済発展の初期の段階では上昇し，ある一定の段階を経ると減少するという関係は環境クズネッツ曲線と呼ばれている。環境クズネッツ曲線については World Bank (1992), Seldon and Song (1993), Grossman and Krueger (1995), 松岡・松本 (1998), 赤尾 (2002) 等を参照せよ。

4.2.2 動学モデル

4.2.1 では汚染に対する規制水準や汚染量が一人当たりの所得とどのような関係をもつのかが分析された。そこでのモデルは静学のものに限定されていたため，これらの経済変数の動学的挙動や動態的な関係については分析することができなかった。そこで本項では，前項で検討されたモデルを動学モデルへと拡張する。最終財の生産関数や汚染の排出過程を表す関数等は前節と同様に定義する。ただし，本節においては資本ストック，技術の指標などは通時的に変化しうるものとする。

まずは，消費者について規定しよう。代表的個人の t 期における瞬時的な効用を次のように定式化することにする。

$$U(t) = \frac{c(t)^{1-\sigma} - 1}{1-\sigma} - BD(t)^{\gamma}. \tag{4.15}$$

ただし，$c(t)$ は t 期における一人当たりの消費水準である[4]。第 2 章や第 3 章のモデルとは異なり，瞬時的効用が $\frac{c(t)^{1-\sigma}-1}{1-\sigma}$ ではなく $\frac{c(t)^{1-\sigma}-1}{1-\sigma} - BD(t)^{\gamma}$ と

なっている。また，汚染量 $D(t)$ は各期において排出される汚染量である。(4.15)はその期に排出される汚染のフロー量が瞬時的な効用に対して影響を与えることを意味している。汚染が蓄積可能であり，そのストック量が厚生水準に影響を与えるようなケースは第9章で検討する。代表的個人の目的関数は次のようになる。

$$W = \int_0^\infty e^{-\rho t}\left[\frac{c(t)^{1-\sigma}-1}{1-\sigma} - BD(t)^\gamma\right]dt. \tag{4.16}$$

ただし，$\rho(>0)$ は主観的割引率である。

静学モデルと同じように社会的計画者の問題を考察する。社会的計画者は，蓄積方程式

$$\dot{k}(t) = Ak(t)z(t) - c(t), \tag{4.17}$$

および $k(0)=k_0$ という制約のもとで目的関数を最大にするような消費および規制水準の時間経路を選択する。また議論の簡単化のために前章までと同様，資本の減耗は存在しないと仮定しておく。カレント・バリュー・ハミルトニアンは次のように設定される。

$$\mathscr{H} = \frac{c^{1-\sigma}-1}{1-\sigma} - B(AkLz^\beta)^\gamma + \mu(Akz - c). \tag{4.18}$$

ただし，μ は資本のシャドー・プライスである。最大化のための条件として以下の関係が成立する。

$$\frac{\partial \mathscr{H}}{\partial c} = 0 \Rightarrow c(t)^{-\sigma} = \mu(t), \tag{4.19}$$

$$\frac{\partial \mathscr{H}}{\partial z} \geq 0 \Rightarrow z(t) = \begin{cases} 1 & (m\mu(t) \geq k(t)^{\gamma-1}), \\ (m\mu(t)k(t)^{1-\gamma})^{\frac{1}{\beta\gamma-1}} & (m\mu(t) < k(t)^{\gamma-1}), \end{cases} \tag{4.20}$$

---

4) 各変数は特に断りのない限り2節と同じものを意味する。ただし，本節においては各変数は通時的に変化しうるので，t 期における水準を第2章，第3章同様 (t) をつけて表すことにする。例えば，$k(t)$ は (t) 期における一人当たりの資本ストック量，$z(t)$ は (t) 期における規制水準である。

$$\dot{\mu}-\rho\mu=-\frac{\partial \mathcal{H}}{\partial k} \Rightarrow -\frac{\dot{\mu}(t)}{\mu(t)}=\begin{cases} A(1-\frac{1}{\beta\mu(t)mk(t)^{1-\gamma}})-\rho & (z(t)=1), \\ \frac{\beta-1}{\beta}Az(t)-\rho & (z(t)<1). \end{cases} \quad (4.21)$$

ただし，$m \equiv \frac{A^{1-\gamma}}{B\beta\gamma L^{\gamma}}$ である。横断性条件は以下のようになる。

$$\lim_{t\to\infty} e^{-\rho t}\mu(t)k(t)=0. \quad (4.22)$$

いま，初期の資本ストック k_0 がその定常状態値より小さい値から出発するものとする。また $\frac{A}{\beta}<A-\rho$ を仮定しよう。この式は定常状態において z が1より小となるような条件である。このとき，$k(t)$ は通時的に上昇し，シャドー・プライス $\mu(t)$ は減少する[5]。次に，$z(t)$ の動きについて検討することにしよう。$\mu(t)$ が十分大きいとき（つまり，$m\mu(t) \geq k(t)^{\gamma-1}$ のとき），$z(t)=1$ である。しかしながら，$\mu(t)$ は絶えず減少し，$k(t)$ は上昇しているので，ある時期を越えると $m\mu(t)<k(t)^{\gamma-1}$ となり，$z(t)<1$ となる。その後，$z(t)$ は通時的に減少していき $z(t)=z_{ss}$ へ収束していく。ただし，下添え字 ss は定常状態値を表すことにする。

消費水準の動学的挙動についても考察することにしよう。(4.19)より消費の成長率は次のようになる。

$$g_c=-\frac{1}{\sigma}g_\mu. \quad (4.23)$$

このことから，$c(t)$ は通時的に上昇するが，長期的な成長率は0となることがわかる。

最後に，汚染水準 $D(t)$ について検討することにする。$z(t)=1$ の範囲では，汚染水準は資本ストックとともに増加していく。$z(t)<1$ の範囲では，$D(t)=Ak(t)Lz(t)^\beta$ であることから，次の関係が成り立つ。

$$\begin{aligned} g_D &= g_k+\beta g_z \\ &= \frac{\beta}{\beta\gamma-1}\left[\frac{\beta-1}{\beta}g_k-\sigma g_c\right]. \end{aligned} \quad (4.24)$$

したがって，$z<1$ の範囲では，排出量の動学的挙動はあいまいなものとな

---

[5] 証明については，補論を参照せよ。そこでは，定常状態の近傍における安定性の議論もなされている。

る。ただし，σ が十分に大きいときには，排出水準が通時的に減少していくことがわかる。

本節でのモデルにおいても適切なパラメータの範囲内では一人当たりの所得と汚染との間の逆U字の関係が導出された。しかしながら，本節のモデルにおける1つの重要な問題は経済がすべての変数の成長率がゼロとなるような定常状態値へと収束してしまうという点である。すなわち，長期的には成長率はゼロになってしまうのである。

4.2.3 外生的な技術進歩

前項では AK モデルを用いて分析を行った。そして成長は最終的には止まってしまうという帰結が得られた。そこで本項では生産関数に外生的な技術進歩を組み込み，分析を行うことにしよう。すなわち生産関数を以下のように設定する。

$$Y(t) = Ae^{gt}K(t)^{\alpha}L^{1-\alpha}z(t). \tag{4.25}$$

ただし，g は外生的な技術進歩率である。一人当たりの産出量は次のようになる。

$$y(t) = Ae^{gt}k(t)^{\alpha}z(t). \tag{4.26}$$

汚染の排出過程を表す関数を次のように設定する。

$$D(t) = Ae^{gt}K(t)^{\alpha}L^{1-\alpha}z(t)^{\beta}. \tag{4.27}$$

前項では AK で与えられた潜在的な産出量がここでは $Ae^{gt}K(t)^{\alpha}L^{1-\alpha}$ となっている。$D(t) = Y(t)z^{\beta-1}$ となっている点は前項と同じであることに注意しよう。代表的個人の目的関数は前項同様(4.16)で与えられる。資本の蓄積方程式は次のようになる。

$$\dot{k}(t) = Ae^{gt}k(t)^{\alpha}z(t) - c(t). \tag{4.28}$$

ただし，$k(0) = k_0$ は所与である。再び社会的計画者の問題に焦点を当てる

ことにしよう。本章におけるカレント・バリュー・ハミルトニアンは次のようになる。

$$\mathscr{H}=\frac{c^{1-\sigma}-1}{1-\sigma}-B(Ae^{gt}k^{\alpha}Lz^{\beta})^{\gamma}+\mu(Ae^{gt}k^{\alpha}z-c). \tag{4.29}$$

最大化のための条件として以下の関係が成立する。

$$\frac{\partial \mathscr{H}}{\partial c}=0 \Rightarrow c(t)^{-\sigma}=\mu(t), \tag{4.30}$$

$$\frac{\partial \mathscr{H}}{\partial z}\geq 0 \Rightarrow z(t)=\begin{cases} 1 & (m\mu(t)\geq (e^{gt}k(t)^{\alpha})^{\gamma-1}), \\ (m\mu(t)(e^{gt}k(t)^{\alpha})^{\gamma-1})^{\frac{1}{\beta\gamma-1}} & (m\mu(t)<(e^{gt}k(t)^{\alpha})^{\gamma-1}), \end{cases} \tag{4.31}$$

$$\dot{\mu}-\rho\mu=-\frac{\partial \mathscr{H}}{\partial k} \Rightarrow -\frac{\dot{\mu}(t)}{\mu(t)}=\begin{cases} \alpha(1-\frac{(e^{gt}k^{\alpha})^{\gamma-1}}{m\beta\mu(t)})\frac{Y(t)}{K(t)}-\rho & (z(t)=1), \\ \alpha\frac{\beta-1}{\beta}\frac{Y(t)}{K(t)}-\rho & (z(t)<1). \end{cases} \tag{4.32}$$

横断性条件は以下のようになる。

$$\lim_{t\to\infty}e^{-\rho t}\mu(t)k(t)=0. \tag{4.33}$$

ここで，k_0 が比較的小さな値を取っているものとしよう。このとき，$c(0)$ もまた十分小さくなるため，$z(0)=1$ となるであろう。t が十分に小さい場合には，$z(t)=1$ という状態が維持される。このときには，経済発展の初期の段階において，$Y(t)$，$K(t)$，$C(t)$ 同様，$D(t)$ もまた増加することになる。しかしながら，ある時期を越えると，$z(t)<1$ となり，この効果により，汚染もまた減少する可能性が生じてくる。ここで，長期的な経済成長率と汚染について調べてみよう。そのために，上記の最大化のための条件がすべてみたされ，なおかつすべての変数が一定の率で成長するような定常状態に焦点を当てる。定常状態における Y，K，C 共通の成長率は次のようになる。

$$g_Y=\frac{\gamma(\beta-1)g}{\gamma(\beta-1)(1-\alpha)+(\sigma+\gamma-1)}. \tag{4.34}$$

汚染の変化率は

$$g_D=\frac{1-\sigma}{\gamma}g_Y \tag{4.35}$$

となる。したがって，$\sigma>1$ のとき，かつそのときに限り汚染は長期的に減少することになる。したがって，このような動学モデルにおいても環境クズネッツ曲線が導出される。そして，持続可能な成長もまた達成されることになる[6]。

4.2.4 市場経済と環境政策

本項では市場経済について考察する。第1に，生産関数および汚染の排出過程を表す式が4.2.2のAKモデルとして規定されていた状況を検討しよう。経済には家計部門，最終財部門，政府部門が存在する。政府は汚染量を調整するような環境政策を行う。ここでは3つの政策を検討することにする。それらはそれぞれ，①排出許可証を配分する，②汚染税を課す，③直接規制を行うというものである。以下ではそれぞれの政策を比較・検討することにしよう。

まずは政府が排出許可証を配分するような制度を検討しよう。政府は排出許可証を各企業に配分する。ただし，総排出量が社会的に最適となるように排出許可証の配分量を適切に調整しなければならない。

家計は，(4.16)で表されるような選好をもっているものとする。各々が資本を所有しており，それを企業に貸し利子を受け取る。また，企業で生じる利潤も最終的には家計に分配される。家計が企業の株式を所有していると考えるとよい。家計は，利子率，排出水準，および企業の利潤を所与として自らの効用を最大化するように消費，貯蓄の意思決定を行う。

最終財部門では多くの小企業が同一の技術のもとで生産している。企業は連続的に存在しているものとし，その測度（数）を1とする。企業は，（政府によって割り当てられた）排出許可証の価格（$\tau(t)$），利子率（$r(t)$）を

---

[6] 第2章や第3章のモデルでは，経済成長が持続可能であるということと長期的な経済成長率がプラスに維持されるということは同義であった。しかしながら，本章のような環境汚染を伴うモデルにおいては，そのような定義は不十分である。環境汚染を伴うモデルにおいて経済成長が持続可能であるとは，経済成長率が長期的にプラスであり，かつ汚染が長期的に少なくとも増加しないものとして定義することにしよう。

所与として，各期において利潤最大化のための静学問題を解く．第 i 企業の利潤を $\Pi_i(t)$ で表すと[7]，その利潤関数は次のようになる．

$$\Pi_i(t)=A^{\frac{\beta-1}{\beta}}K_i(t)^{\frac{\beta-1}{\beta}}D_i(t)^{\frac{1}{\beta}}-r(t)K_i(t)-\tau(t)(D_i(t)-D_i(t)^*). \quad (4.36)$$

ただし，$D_i(t)^*$ は政府が最適な排出量に対応する排出許可証を各企業に供給していることを意味している．言い換えると $\int_0^1 D_i(t)^* di = D(t)^*$ である．利潤関数における $\tau(t)$ を税率と解釈し，$D_i(t)^*$ を省くと排出許可証ではなく排出税や汚染税が存在するような経済を想定することができる．この式の $D_i(t)^*$ は企業の利潤最大化行動，後に議論される消費者の行動に影響を与えないので，最適経路に関する議論は，排出税がかけられた場合も排出許可証があるような場合も同じである[8]．企業の利潤最大化のための一階の条件を市場均衡の点で評価し，すべての企業について集計化すると，以下の関係が成立する．

$$\tau(t) \leq \frac{1}{\beta}\frac{Y(t)}{D(t)^*}, \quad (4.37)$$

$$r(t) \geq \frac{\beta-1}{\beta}\frac{Y(t)}{K(t)}. \quad (4.38)$$

ただし，$z<1$ のときにはそれぞれ等号が成立する．また，生産関数の一次同次性の性質から次の関係が成立することがわかる．

$$r(t)K(t)+\tau(t)D(t)^* = (AK(t))^{\frac{\beta-1}{\beta}}D(t)^{*\frac{1}{\beta}}. \quad (4.39)$$

再び，家計について述べる．家計の蓄積方程式は

$$\dot{a}(t) = r(t)a(t)+w(t)+\Pi(t)-c(t) \quad (4.40)$$

---

[7] 本項の以下の部分では，下添え字 i はすべて第 i 企業に付随する変数であることを意味するのに用いる．

[8] 排出税の例としては，CO_2 排出抑制を目的とした炭素税が挙げられるであろう．実際に炭素税を導入している国としては，デンマーク，フィンランド，オランダ，スウェーデン，ノルウェー等がある．

である。ただし，$a(t)$ は一人当たりの資産であり $a(0)=a_0$ は所与である。また，$\Pi(t)=\tau(t)D(t)^*$ となっていることにも注意せよ。カレント・バリュー・ハミルトニアンは次のように設定される。

$$\mathscr{H}=\frac{c^{1-\sigma}-1}{1-\sigma}-BD(t)^{\gamma}+\nu(r(t)a+w(t)+\Pi(t)-c). \quad (4.41)$$

ただし，ν は所得のシャドー・プライスである。

家計の最適行動によって以下の関係が成立する。

$$\frac{\partial \mathscr{H}}{\partial c}=0 \Rightarrow c(t)^{-\sigma}=\nu(t), \quad (4.42)$$

$$\dot{\nu}-\rho\nu=-\frac{\partial \mathscr{H}}{\partial a} \Rightarrow \frac{\dot{\nu}(t)}{\nu(t)}=\rho-r(t). \quad (4.43)$$

これが 4.2.2 で検討された社会的な最適経路をみたすとき，利子率と排出許可証の価格は以下の式で表される。

$$r(t)^*=\begin{cases} A[1-\frac{(k(t)^*)^{\gamma-1}}{\beta m\mu(t)^*}] & (z(t)^*=1), \\ \frac{\beta-1}{\beta}Az(t)^* & (z(t)^*<1), \end{cases} \quad (4.44)$$

$$\tau(t)^*=\begin{cases} \frac{(k(t)^*)^{\gamma-1}}{\beta m\mu(t)^*} & (z(t)^*=1), \\ \frac{z(t)^{*(1-\beta)}}{\beta} & (z(t)^*<1). \end{cases} \quad (4.45)$$

ただし，アスタリスクは 4.2.1 における最適経路に付随する水準を表す。すなわち，政府が適切な政策を行うことによって社会的に望ましい状態が達成可能となる。

次に政府が直接規制を行うようなケースを考察する。この場合には，政府は各期において $z(t)$ を決定することになる。社会的に最適な汚染量を達成するためには規制水準を $z^*(t)$ としなければならない。アスタリスクは 4.2.1 における最適経路に付随する水準であったので，(4.20) を満足させる値である。

最終財を生産する企業は規制水準 z^* を所与として各期において自らの利潤を最大にする。ここでは産業レベルにまとめ，利潤関数を書くと次のよう

になる。

$$\Pi(t) = AK(t)z(t)^* - r(t)K(t). \quad (4.46)$$

このケースでは汚染税や排出許可証を購入するための費用は存在しないので,企業にとっての生産費用は $r(t)K(t)$ だけであることに注意しよう。$Az(t)^* > r(t)$ である場合には,企業は産出量を増加させればさせるほど利潤を増加させることが可能となる。逆に,$Az(t)^* < r(t)$ である場合には,企業は自らの最適化によって産出量をゼロとするであろう。したがって企業の主体的均衡状態では結局 $r(t) = Az^*$ となる。

このとき,家計の直面する問題は再び (4.40) という予算制約のもとで目的関数を最大とするものとなる。そして最適化行動の結果,(4.42)と(4.43)が成立する。社会的に最適な利子率(4.44)と比較すると直接規制を行っている場合の利子率 Az^* は高すぎるということがわかる。(4.42), (4.43), (4.44), 及び $r = Az^*$ のすべてが成立することはないことに注意しよう。すなわち直接規制では,社会的に最適な状態を達成することができないことになる。

次に,生産関数,および汚染の排出過程を表す式が4.2.3のような形で設定されているような状況を考えることにしよう。経済には再び家計部門,最終財部門,政府部門が存在する。AKモデルのときと同様の議論を繰り返すことによって,政府が最終財の生産の際に排出される汚染に対して税をかけるのと排出許可証を発行する政策は実質的に同じであることがわかる。ここでは企業が排出する汚染に対して税を課すような状況を考えてみよう。まずは,企業の行動について規定する。企業の問題はほとんどAKモデルのときと変わらない。ただし,生産関数が外生的な技術進歩を伴うようなものとして設定されているので,(産業レベルでの)利潤関数は次のようになる。

$$\Pi(t) = (Ae^{gt})^{\frac{\beta-1}{\beta}} K_i(t)^{a\frac{\beta-1}{\beta}} L^{\frac{(1-a)(\beta-1)}{\beta}} D_i(t)^{\frac{1}{\beta}} - r(t)K(t)$$

$$- w(t)L_i - \tau(t)D_i(t). \quad (4.47)$$

ただし，$w(t)$ は賃金率，$\tau(t)$ は税率である。利潤最大化のための一階の条件を市場均衡の点で評価し，すべての企業について集計化すると以下のようになる。

$$w(t) = \frac{(1-\alpha)(\beta-1)}{\beta}\frac{Y(t)}{L}, \qquad (4.48)$$

$$\tau(t) \leq \frac{1}{\beta}\frac{Y(t)}{D(t)^*}, \qquad (4.49)$$

$$r(t) \geq \alpha\frac{\beta-1}{\beta}\frac{Y(t)}{K(t)}. \qquad (4.50)$$

ただし，$z<1$ のときにはそれぞれ等号が成立する。また，生産関数が一次同次であるため，次の関係が成立する。

$$r(t)K(t) + \tau(t)D(t)^* + w(t)L = (AK(t))^{\alpha\frac{\beta-1}{\beta}} L^{\frac{(1-\alpha)(\beta-1)}{\beta}} D(t)^{*\frac{1}{\beta}}. \qquad (4.51)$$

家計は利子率，排出水準，賃金率および企業の利潤を所与として自らの効用を最大化するように消費と貯蓄に関する意思決定を行う。家計の選好が (4.16) で表されることはこれまでと同様である。家計の収入は，資産からの利子，企業の利潤，そして賃金である。政府部門における設定は AK モデルのときと同様である。家計の予算制約は

$$\dot{a}(t) = r(t)a(t) + \Pi(t) + w(t) - c(t) \qquad (4.52)$$

である。ただし，$a(t)$ は一人当たりの資産であり $a(0)=a_0$ は所与である。カレント・バリュー・ハミルトニアンは次のように設定される。

$$\mathscr{H} = \frac{c^{1-\sigma}-1}{1-\sigma} - BD(t)^\gamma + \nu(r(t)a + \Pi(t) + w(t) - c). \qquad (4.53)$$

ただし，$\nu(t)$ は所得のシャドー・プライスである。家計の最適行動によって以下の関係が成立する。

$$\frac{\partial \mathscr{H}}{\partial c} = 0 \Rightarrow c(t)^{-\sigma} = \nu(t), \qquad (4.54)$$

$$\dot{\nu} - \rho\nu = -\frac{\partial \mathscr{H}}{\partial a} \Rightarrow \frac{\dot{\nu}(t)}{\nu(t)} = \rho - r(t). \tag{4.55}$$

これが，4.2.3 で導出された社会的最適経路をみたすとき，利子率および排出許可証の価格は以下のようになる．

$$r(t)^* = \begin{cases} \alpha \left(1 - \frac{(e^{gt}k^a)^{\gamma-1}}{m\beta\mu(t)}\right)\frac{Y(t)}{K(t)} & (z(t)^* = 1), \\ \frac{\beta-1}{\beta}\frac{Y(t)}{K(t)} & (z(t)^* < 1), \end{cases} \tag{4.56}$$

$$\tau(t)^* = \begin{cases} \frac{(1-\alpha)m\mu(t)^*(e^{gt}k(t)^*)^{\gamma-1}}{\beta m\mu(t)^*} & (z(t)^* = 1), \\ \frac{z(t)^{*(1-\beta)}}{\beta} & (z(t)^* < 1). \end{cases} \tag{4.57}$$

ここで，アスタリスクは 4.2.3 の最適経路に付随する水準である．したがって，適切な量の排出許可証の取引を行うことによって市場経済においても社会的に最適な状態とまったく同じ状態が実現できることになる．

AK モデルのときと同様，政府が直接規制を行うような政策を導入したケースを考察してみよう．政府は直接規制を行う．社会的に最適な汚染量を達成するためには規制水準を $z^*(t)$ としなければならない．このケースではアスタリスクは 4.2.2 の社会的に最適経路に付随する値である．

最終財を生産する企業は規制水準 z^* を所与として各期において自らの利潤を最大にする．利潤関数は

$$\Pi(t) = AK(t)z(t)^* - r(t)K(t) \tag{4.58}$$

であり，AK モデルのときの議論を繰り返すことによって，企業の主体的均衡状態では結局 $r(t) = Az^*$ となることがわかる．

このとき，家計の直面する問題は再び (4.40) という予算制約のもとで目的関数を最大とするものとなる．家計が最適化行動を行った結果，(4.42) と (4.43) が成立する．社会的に最適な利子率 (4.56) と比較すると直接規制を行っている場合の利子率は高すぎるということがわかる．すなわちこのケースでも直接規制を行うことによって社会的に最適な状態を達成することはできないのである．

4.3 環境保護に対する投資を伴うモデル

本節では環境に対する投資を伴うようなモデルを検討することにしよう。代表的個人の目的関数を以下のように設定する。

$$U = \int_0^\infty \Big[e^{-\rho t}(\log c(t) - BD(t)) \Big] dt. \tag{4.59}$$

ここでは瞬時的効用が $\log c(t) - BD(t)$ という形で表されている[9]。これは前節における瞬時的効用の $\sigma = \gamma = 1$ という特殊ケースであることに注意しよう。汚染量 $D(t)$ を Gradus and Smulders (1993) にしたがい次のように特定化する。

$$D(t) = \beta \frac{K(t)}{M(t)}. \tag{4.60}$$

ただし，$M(t)$ は環境保全活動（排出物除去活動）への投資額であり，$\beta(>0)$ はパラメータである。(4.60)より，資本ストックが増加すればするほど汚染も増加し，環境保護に対する投資額が増加すれば汚染は減少することがわかるであろう。汚染量が(4.60)の形で表されるようなモデルを本書を通じて Gradus＝Smulders モデルと呼ぶことにしよう。資本の蓄積方程式は次のようになる。

$$\dot{K}(t) = Y(t) - C(t) - M(t). \tag{4.61}$$

ここで $K(0) = K_0$ は所与である。前節のモデルとは異なり，最終財は消費と資本ストックを増加させるための投資だけでなく，環境保全活動にも分配されることに注意しよう。社会的計画者の問題は資本の蓄積方程式(4.61)，資本の初期値を制約として代表的個人の目的関数を最大にするような C, M の経路を選択するものとなる。カレント・バリュー・ハミルトニアンは次のように設定される。

---

9) 特に断りのない限り，各変数はすべて前節と同じものを表している。

$$\mathscr{H} = \log c - B\frac{K}{M} + \mu(Y - cL - M). \tag{4.62}$$

ただし，μ は資本ストックのシャドー・プライスである．最大化のための条件として，次の関係が成立する．

$$\frac{\partial \mathscr{H}}{\partial c} = 0 \Rightarrow \frac{1}{c(t)} = \mu(t)L, \tag{4.63}$$

$$\frac{\partial \mathscr{H}}{\partial M} = 0 \Rightarrow B\beta K(t)M(t)^{-2} = \mu(t), \tag{4.64}$$

$$\dot{\mu} - \rho\mu = -\frac{\partial \mathscr{H}}{\partial K} \Rightarrow \dot{\mu}(t) - \rho\mu(t) = \frac{B\beta}{M(t)} - \mu\frac{\partial Y(t)}{\partial K(t)}. \tag{4.65}$$

横断性条件は

$$\lim_{t \to \infty} e^{-\rho t}\mu(t)K(t) = 0 \tag{4.66}$$

である．したがって，消費の成長率 $g_{c(t)}$ は次のようになる．

$$g_{c(t)} = \frac{\partial Y(t)}{\partial K(t)} - \frac{\beta}{D(t)} - \rho. \tag{4.67}$$

以下では具体的に生産関数を特定化し，長期的な経済成長率と環境との関連性について検討していこう．

4.3.1 生産関数が新古典派的であるケース

ここでは以下のような通常の新古典派の性質をもつ生産関数を導入し，議論を進めることにしよう．最終財の生産関数が以下のようなコブ＝ダグラス型の形をしているものとしよう．

$$Y(t) = AK(t)^{\alpha}L^{1-\alpha}. \tag{4.68}$$

このような定式化のもとでは資本ストックの増加とともに資本の限界生産物は低下していく．したがって，すべての経済変数の長期的な成長率はゼロになる．これは通常の Ramsey モデルにおける結論と類似している．本項のモデルにおいては汚染の外部性があるために，通常の Ramsey モデルにおける水準よりも低い一人当たりの資本ストック水準に収束することになる．

また定常状態における汚染量は

$$D = \frac{2\alpha}{B[(1-\alpha)+\sqrt{(1-\alpha)^2+\frac{4\alpha\rho}{B\beta}}]} \tag{4.69}$$

となる。

4.3.2 AK モデル

前項では新古典派の性質をもつ生産関数を導入した。結果としては資本の収穫逓減性のために長期的な成長率はゼロになるという結論が得られた。ここでは収穫逓減を排除するために AK モデルを導入して議論を進めることにしよう。すなわち

$$Y(t) = AK(t) \tag{4.70}$$

という関係を仮定するのである。定常状態に焦点を当てると成長率，汚染量はそれぞれ次のようになる。

$$g_Y = A - (B\beta\rho)^{\frac{1}{2}} - \rho, \tag{4.71}$$

$$D = \left[\frac{B\rho}{\beta}\right]^{\frac{1}{2}}. \tag{4.72}$$

したがって，生産関数に収穫逓減性がない場合には $A-(B\beta\rho)^{\frac{1}{2}}-\rho>0$ である限り経済は長期的に成長しうることになる。

4.3.3 生産性の上昇を伴う場合

次に外生的な技術進歩を伴うようなモデルを検討しよう。生産関数を次のように設定する。

$$Y = Ae^{gt}K(t)^\alpha L^{1-\alpha}. \tag{4.73}$$

このとき成長率，汚染量はそれぞれ以下のようになる。

$$g_Y = \frac{1}{1-\alpha}g, \tag{4.74}$$

$$D = \frac{2\alpha}{B[(1-\alpha) + \sqrt{(1-\alpha)^2 + \frac{4\alpha}{B\beta}[(1-\alpha)g_Y + \rho]}]}. \tag{4.75}$$

　本節のようなモデルにおいては，環境汚染の外部性によって，長期的な資本ストックの水準や成長率が低下するものの主要な結論は通常の新古典派モデルにおけるものと類似している．すなわち，経済が長期的に正の率で成長するためには資本ストックが十分大きくなったとしても，その限界生産物が十分大であるということが必要となるのである．

4.4　おわりに

　第2章と第3章においては，R＆D活動を伴う内生的経済成長理論が展開された．そこでは，研究活動によってもたらされる技術進歩（イノベーション）が収穫逓減性を排除し，長期的な経済成長を可能にするという結論が得られた．本章においては，成長の持続可能性を検討する上で重要な制約となる環境問題がモデルの中に導入された．具体的には，経済活動の結果汚染が排出され，それが人々の厚生水準に影響を与えると仮定している．

　2節では，Stokey (1998) によって導入されたモデルを議論した．まずは，静学モデルを用いて分析を行った．Stokey (1998) や Gradus and Smulders (1993) のような先行研究と同様，効用水準は消費水準だけでなく汚染水準にも依存している．そして，消費の限界効用は通常のモデルと同様正で逓減的であるが，汚染の限界不効用は逓減的ではないと仮定している．したがって，経済がある一定以上に発展すると，消費の限界効用は十分に小さくなる一方，汚染の限界不効用は十分に大きくなる．そのため汚染を規制し，不効用の増加を抑えることによって厚生水準を増加させることができるのである．この帰結は，一般的に発展途上国よりも先進国の方が環境汚染に対する規制が厳しいという現実とも相容れるものである．汚染を規制した結果，経済がある一定以上発展すると，汚染は一人当たりの所得とともに減少する傾向があるという結論が得られた．すなわち，一人当たりの所得と汚染との間の逆U字の関係（環境クズネッツ曲線）が導出されることになる．

その後，静学モデルが動学モデルへと拡張された。動学モデルにおいても，瞬時的効用が消費水準と汚染水準に依存する。そして，代表的個人の効用最大化を行った場合には，経済は唯一の定常状態へと収束することと，経済がある一定以上に発展すると，汚染に対する規制や省エネ活動が起こり汚染量が減少し得ることを確認した。すなわち，動学モデルにおいても環境クズネッツ曲線が導出されることになる。しかしながら，そこで生じた1つの問題は，技術進歩が存在しないために，長期的な成長率がゼロになってしまうということである。この点を是正するために技術進歩が外生的に生じるようなモデルが構築された。外生的な技術進歩を伴うモデルにおいても，各変数の動学的挙動は技術進歩が存在しないようなモデルと類似している。しかしながら，技術進歩が生産性の上昇をもたらすため，定常状態における成長率はプラスに維持される。その一方，適切なパラメータの範囲のもとでは，汚染は通時的に減少する。すなわち，ここでのモデルにおいても，通常の新古典派モデルと同様，外生的な技術進歩の存在が，経済成長を持続可能にするために決定的な役割を果たすことになる。また，市場経済においては排出許可証や汚染税を適切に政策に組み入れることで最適状態に誘導可能となることも示した。

　3節ではGradus and Smulders（1993）によって導入されたモデルを分析した。このモデルの主要な特徴は，環境保護に対して資金を投入し，環境汚染を減らすような設定がなされた点にある。そこで得られた結論は，環境の外部性が存在するにもかかわらず，通常のRamseyモデルとほぼ同じである。資本の収穫逓減性が存在する場合には，長期的な成長率はゼロとなる。しかも環境の外部性がある分だけ，定常状態における一人当たりの資本ストックの水準はより低い水準にとどまる。その一方で，生産関数がAKモデルや外生的な技術進歩を伴うような形で定式化される場合には，経済成長が持続可能となる。ただし，汚染の外部性がある分だけそれが存在しない場合と比較すると，成長率は低下することになる。

4.5 補論:シャドー・プライスの挙動

本節では,まず 2.2 におけるシャドー・プライス μ が通時的に下落するということを証明する.次に定常状態の近傍における安定性について調べることにする.まず,$z=1$ のときを考えることにしよう.このとき,μ の成長率は次のようになる.

$$\begin{aligned} g_\mu &= \rho - A\left[1 - \frac{k^{\gamma-1}}{\beta\mu m}\right] \\ &\leq \rho - A + \frac{A}{\beta} \\ &< 0. \end{aligned} \quad (4.76)$$

よって,$z=1$ のとき μ は減少する[10].

次に,$z<1$ のときを検討することにしよう.この場合は位相図を書いてみることにする.$z<1$ のときの $\dot{\mu}=0$ 線は次の関係をみたす.

$$\mu\left(\rho - \frac{\beta-1}{\beta}A(\mu m k^{1-\gamma})^{\frac{1}{\beta\gamma-1}}\right) = 0. \quad (4.77)$$

また,$\dot{k}=0$ 線は,次のようになる.

$$Ak(\mu m k^{1-\gamma})^{\frac{1}{\beta\gamma-1}} = \mu^{-\frac{1}{\sigma}}. \quad (4.78)$$

これを変形すると,

$$Am^{\frac{1}{\beta\gamma-1}}k^{\frac{\gamma(\beta-1)}{\beta\gamma-1}} = \mu^{-\frac{1}{\sigma}-\frac{1}{\beta\gamma-1}} \quad (4.79)$$

となる.(4.77),(4.79)より,k,μ の定常状態値 k_{ss},μ_{ss} を求めると次のようになる.

$$\mu_{ss} = \left[A^{\beta\gamma-1} m\left[\frac{\beta-1}{\beta\rho}\right]^{\gamma(\beta-1)}\right]^{-\frac{\sigma}{\sigma+\gamma-1}}, \quad (4.80)$$

$$k_{ss} = \frac{\beta-1}{\beta\rho}(\mu_{ss})^{-\frac{1}{\sigma}}. \quad (4.81)$$

---

10) 仮定より $\frac{A}{\beta} < A - \rho$ であるため,最後の不等式が成立することに注意しよう.

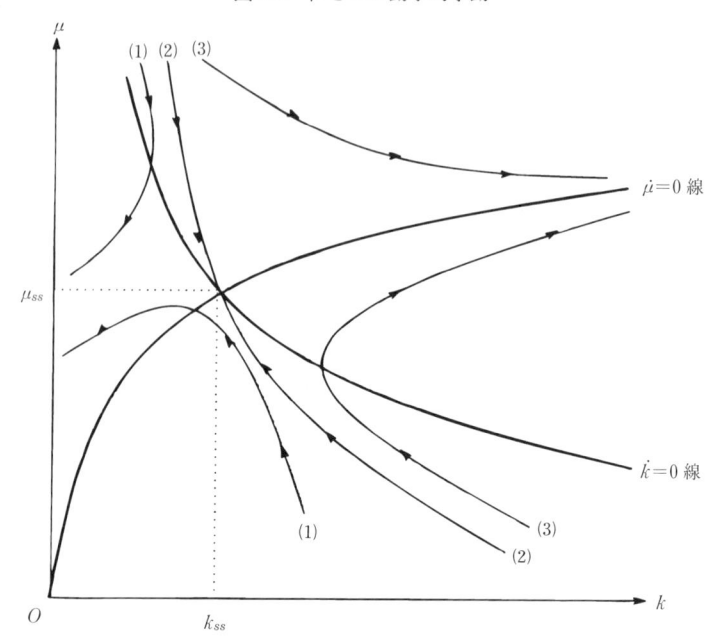

図 4.4　μ と k の動学的挙動

位相図は図 4.4 で描かれている[11]。いま，一人当たりの資本ストックがその定常状態値より低いところから出発していると仮定されていることに注意しよう。このとき，k, μ がたどる経路は，

(1)　k が 0 に向かって減少していく経路
(2)　μ, k がともにその定常状態値へと向かう経路
(3)　μ, k がともに無限大へと向かう経路

の 3 つのうちのいずれかである。

(1)の経路は，最終的に経済がなにも生産しないような状態へと向かってしまう。(3)の経路について検討するとこれは，$\dot{\mu}=0$ 線に漸近的に近づいていくことになる。このとき，$\lim_{t\to\infty}(\frac{c}{k})=0$ に注意すると

---

11) 図 4.4 では $\gamma<2$ というケースのものが描かれているが，$\gamma>2$ のケースにおいてもここでもたらされた帰結は類似の議論によって導かれる。

第 4 章　経済成長理論における環境問題　　95

$$\begin{aligned}\lim_{t\to\infty}g_k &= Az \\ &= (\rho - g_\mu)\frac{\beta}{\beta-1} \\ &= (\rho - (\gamma-1)g_k)\frac{\beta}{\beta-1}\end{aligned} \quad (4.82)$$

となるので，以下の関係が成立する。

$$\lim_{t\to\infty}\left[\frac{\beta-1}{\beta}g_k - \rho + (\gamma-1)g_k\right] = \left(\gamma - \frac{1}{\beta}\right)g_k - \rho = 0. \quad (4.83)$$

よって，

$$\lim_{t\to\infty}(\gamma g_k - \rho) = \lim_{t\to\infty}\frac{1}{\beta}g_k > 0. \quad (4.84)$$

長期的には μ と k の関係は (4.77) で表されることになるので，横断性条件は次のようになる。

$$\begin{aligned}\lim_{t\to\infty}e^{-\rho t}\mu k &= \mathrm{const}\lim_{t\to\infty}e^{-\rho t}k^{\gamma-1}k \\ &= \mathrm{const}\lim_{t\to\infty}e^{-\rho t}k^\gamma \\ &= 0.\end{aligned} \quad (4.85)$$

(4.84) より (3) の経路は横断性条件をみたさないことがわかる。したがって，唯一の経路は (2) のような μ と k がともに定常状態値へと向かう経路となる。そのとき μ が減少していることもわかる。

次に定常状態での近傍におけるこのシステムの特徴を調べることにしよう。まず，次のような変数変換を行うことにする。

$$p = \log\frac{k}{k_{ss}}, \quad (4.86)$$

$$q = \log\frac{\mu}{\mu_{ss}}. \quad (4.87)$$

これを定常状態の近傍で線形化すると，次の関係が成立する。

$$\begin{pmatrix}\dot{p}\\\dot{q}\end{pmatrix} \doteqdot \begin{pmatrix}\frac{\beta\gamma\rho}{\beta\gamma-1} & -\frac{\beta\rho}{\beta-1}\left[\frac{1}{\beta\gamma-1}+\frac{1}{\sigma}\right]\\ \frac{\rho(\gamma-1)}{\beta\gamma-1} & -\frac{\rho}{\beta\gamma-1}\end{pmatrix}\begin{pmatrix}p\\q\end{pmatrix}.$$

この右辺における 2×2 の行列の行列式の値が負であることは直ちに求められる。したがって，この行列の固有値は 1 つが正，もう 1 つが負となるので定常状態は鞍点となる。

第 5 章

イノベーション，環境政策と内生的経済成長

5.1 はじめに

　第 4 章においては環境の外部性が導入された。技術進歩が存在する場合には，たとえ環境汚染の外部性があったとしても，経済成長は持続可能となることが明らかになった。そこで生じた 1 つの大きな問題は，技術進歩が外生的なものとして取り扱われていたため，長期的な経済成長の要因についての十分な説明ができなかったという点である。本章では第 4 章のモデルにおけるこのような欠点を是正することを試みる。第 2 章や第 3 章ではプロダクト・イノベーションやプロセス・イノベーションを導入し，新古典派の成長モデルで外生的に取り扱われてきた技術進歩の要因を内生化した。環境汚染の外部性が存在するような第 4 章のモデルを修正し，拡張する際にプロダクト・イノベーションやプロセス・イノベーションの議論を利用しようと考えることは自然な流れである。本章では，R＆D 活動を伴う内生的成長モデルのもとに環境の外部性を導入し，経済成長と環境問題との関連性について考察することにする[1]。

　イノベーションは第 2 章同様，製品の種類が増加するものとして定義される。R＆D は利潤を追求する企業家の私的なインセンティブによってなされる。環境問題は環境汚染という形でモデルの中に導入される。第 4 章では，外生的な技術進歩が存在する Stokey モデルにおいて，持続可能な成長が達

---

1) 本章と類似した観点から Stokey (1998) タイプのモデルを拡張したものとしては Aghion and Howitt (1998, ch.5)，Grimaud (1999) も参照せよ。

成されるという帰結が得られた。本章では技術進歩を内生化する。そして，技術進歩を内生化したようなモデルにおいても同様のことが言えるのかどうかを検討する。また，第2章のモデルに対して，環境汚染の外部性を組み込んだ結果，第2章で導出した結果と比較して，成長率がどのように変化するのかということも明らかになる。そして，社会的に最適な状態を達成するための政府政策についても分析を行う。

本章の後半部分では，バラエティー拡大モデルに環境保護への投資が存在するようなモデル（Gradus=Smuldersモデル）を統合する。そこにおいても長期的な成長率と汚染量の関係や最適な政府政策等について検討される。これら2つのモデルの間にはいくつかの違いもあるが，多くの点において類似した点があるという事実が明らかになるであろう[2]。

5.2 環境の外部性を伴う内生的経済成長モデル

5.2.1 Stokeyモデルと環境クズネッツ曲線

まずは本節で検討されるモデルを規定することにしよう。汚染の外部性があることを除けば，基本的なモデルの構造は第2章のものと同じである。最終財部門から検討する。最終財は同質であり，消費もしくは物的資本を蓄積させる投資に用いられる。最終財部門における生産関数を以下のように設定する。

$$Y(t) = AK(t)^\alpha Q(t)^{1-\alpha} z(t). \tag{5.1}$$

ただし，$Y(t)$, A, $K(t)$, αはこれまで同様，最終財の産出量，生産性のパラメータ，資本ストック量，弾力性を表すパラメータである。$z(t)$（$z(t) \in [0,1]$）は本章においても環境汚染に対する規制水準もしくは省エネ水準を表すものである。$Q(t)$は中間財の指標であり，第2章のバラエティー拡大

---

2) 本章とは異なった観点から環境と内生的経済成長について議論したものとしては，Bovenberg and Smulders (1995), Michel and Rotillon (1995), Rosendahl (1996), Mohtadi (1996), Byrne (1997) 等を参照せよ。

モデルの定式化にしたがい，次のように設定する。

$$Q(t) = \left[\int_0^{n(t)} x_i(t)^\xi di\right]^{\frac{1}{\xi}}. \tag{5.2}$$

ここで，$x_i(t)$ は第 i 中間財の投入量，$\xi(0<\xi<1)$ は中間財の代替性を表すパラメータである。本章の生産関数では潜在的な産出量（産出可能な最大の産出量）は $AK(t)^\alpha Q(t)^{1-\alpha}$ である。すなわち，資本ストックと中間財の指標とのコブ＝ダグラス型の形をしている。4.2.3 では外生的に技術進歩が生じるようなモデルが構築されたが(5.1)はそこでの技術進歩が内生的に生じるようなものと解釈できるであろう。中間財は水平的に差別化されており，イノベーションは第 2 章同様，中間財の種類 $n(t)$ を増やすものとして定義される。第 2 章で示されたように，$n(t)$ の上昇は中間財部門における生産性の上昇をもたらす。中間財の整数制約は再び無視されており，中間財は連続量で測られている。

次にR＆Dについて規定しよう。新しい中間財を発明するためにはR＆D部門へ労働を投入し，研究活動を行うことが必要である。R＆D部門における生産関数を第 2 章同様，次のように設定する。

$$\dot{n}(t) = \varepsilon n(t) L_R(t). \tag{5.3}$$

本章においても ε，$L_R(t)$ はそれぞれ研究部門における生産性のパラメータ，労働投入量である。

各中間財は労働を唯一の本源的な生産要素として生産される。任意の $i(i \in [0, n(t)])$ に対して，中間財 1 単位を製造するのに労働 1 単位が必要であるものとする。したがって中間財製造部門における労働需要量，$L_X(t)$ は本章においても $\int_0^{n(t)} x_i(t) di (\equiv X(t))$ となる。

次に消費者の行動について検討しよう。代表的消費者の目的関数を第 4 章における動学モデル同様次のように設定する。

$$U = \int_0^\infty e^{-\rho t}\left[\frac{c(t)^{1-\sigma}-1}{1-\sigma} - BD(t)^\gamma\right]dt. \tag{5.4}$$

ただし，ρ は主観的割引率，$c(t)$ は一人当たりの消費量，σ は消費部門にお

ける異時点間の代替の弾力性の逆数，B, γ は汚染による被害がどの程度かを表すパラメータである。第4章同様，$B>0$, $\gamma>1$ とする。$D(t)$ は汚染水準である。汚染の排出過程を表す関数を以下のように定式化する。

$$D(t) = AK(t)^\alpha \left[\int_0^{n(t)} x_i(t)^\xi di \right]^{\frac{1-\alpha}{\xi}} z(t)^\beta. \tag{5.5}$$

ただし，$\beta>1$ である。(5.1)，(5.5)より $z(t)$ が小さいときほど汚染に対する規制水準が厳しい状態とみなすことができるであろう。ここで

$$D(t) = Y(t) z(t)^{\beta-1} \tag{5.6}$$

という関係は第4章における設定と同じであることに注意しよう。

社会的計画者の問題は研究部門における生産関数(5.3)，資本の蓄積方程式

$$\dot{K}(t) = AK(t)^\alpha \left[\int_0^{n(t)} x_i(t)^\xi di \right]^{\frac{1-\alpha}{\xi}} z(t) - C(t), \tag{5.7}$$

労働部門における資源制約条件

$$L_R + L_X = L, \tag{5.8}$$

そして，$L_X(t) = \int_0^{n(t)} x_i(t) di \equiv X(t)$, および $K(0)=K_0$, $n(0)=n_0$ を制約として(5.4)を最大にするものとなる。ただし，$C(t) \equiv c(t)L$ は総消費量である。

まずは静学的な問題について検討しよう。最適化がなされているならば，各 t において，所与の $L_X(t)$ に対して $Q(t)$ は最大化されなければならない。このことは結局，

$$\max \int_0^{n(t)} x_i(t)^\xi di \tag{5.9}$$

$$\text{subject to} \int_0^{n(t)} x_i(t) di = L_X(t) \tag{5.10}$$

という問題に帰着する。$L_X(t)$ は中間財の製造に投入される労働量である。これを解くと，任意の $i(i \in [0, n(t)])$ に対して $x_i(t) = x(t)$ となる[3]。すなわ

ち，すべての産業において同量の中間財が生産され，最終財部門に投入されることになる。したがって，$L_x(t)=n(t)x(t)$ となる。これらの条件と労働部門における資源制約条件を用いて(5.3)，(5.7)を変形すると次の関係が成立する。

$$\dot{K}(t)=AK(t)^\alpha n(t)^{\frac{1-\alpha}{\xi}}x(t)^{1-\alpha}z(t)-c(t)L, \tag{5.11}$$

$$\dot{n}(t)=\varepsilon n(t)(L-n(t)x(t)). \tag{5.12}$$

したがって，この問題における制約式は結局，(5.11)と(5.12)という2つの式に集約できることになる。カレント・バリュー・ハミルトニアンは次のようになる。

$$\mathscr{H}=\frac{c^{1-\sigma}-1}{1-\sigma}-B(AK^\alpha n^{\frac{1-\alpha}{\xi}}x^{1-\alpha}z^\beta)^\gamma+\mu_1(AK^\alpha n^{\frac{1-\alpha}{\xi}}x^{1-\alpha}z-cL)$$

$$+\mu_2(\varepsilon n(L-nx)). \tag{5.13}$$

ただし，x は各中間財の投入量である。μ_1 と μ_2 はそれぞれ資本ストックと中間財の数に関するシャドー・プライスである。

最大化のための条件として以下の関係が成立する。

$$\frac{\partial \mathscr{H}}{\partial c}=0 \Rightarrow c(t)^{-\sigma}=\mu_1(t)L, \tag{5.14}$$

$$\frac{\partial \mathscr{H}}{\partial z}\geq 0 \Rightarrow z(t)=\begin{cases}1 & (\tilde{z}(t)\geq 1 \text{ のとき}),\\ (\tilde{z}(t))^{\frac{1}{\beta\gamma-1}} & (\tilde{z}(t)<1 \text{ のとき}),\end{cases} \tag{5.15}$$

$$\frac{\partial \mathscr{H}}{\partial x}=0 \Rightarrow X(t)=\begin{cases}(1-\alpha)[1-\frac{1}{\beta\tilde{z}(t)}]\frac{Y(t)\mu_1(t)}{\varepsilon\mu_2(t)n(t)} & (z(t)=1 \text{ のとき}),\\ (1-\alpha)(\frac{\beta-1}{\beta})\frac{Y(t)\mu_1(t)}{\varepsilon\mu_2(t)n(t)} & (z(t)<1 \text{ のとき}),\end{cases} \tag{5.16}$$

$$\dot{\mu}_1-\rho\mu_1=-\frac{\partial \mathscr{H}}{\partial K} \Rightarrow -\frac{\dot{\mu}_1(t)}{\mu_1(t)}=\begin{cases}\alpha[1-\frac{1}{\beta\tilde{z}(t)}]\frac{Y(t)}{K(t)}-\rho & (z(t)=1 \text{ のとき}),\\ \alpha(\frac{\beta-1}{\beta})\frac{Y(t)}{K(t)}-\rho & (z(t)<1 \text{ のとき}),\end{cases} \tag{5.17}$$

3）議論の詳細については第2章を参照せよ。

$$\dot{\mu}_2 - \rho\mu_2 = -\frac{\partial \mathscr{H}}{\partial n} \Rightarrow$$

$$\frac{\dot{\mu}_2(t)}{\mu_2(t)} = \begin{cases} \rho - \frac{1-\alpha}{\xi}[1-\frac{1}{\beta\tilde{z}(t)}]\frac{Y(t)\mu_1(t)}{n(t)\mu_2(t)} - \varepsilon(L-2X(t)) & (z(t)=1 \text{のとき}), \\ \rho - \frac{1-\alpha}{\xi}\frac{\beta-1}{\beta}\frac{Y(t)\mu_1(t)}{n(t)\mu_2(t)} - \varepsilon(L-2X(t)) & (z(t)<1 \text{のとき}). \end{cases} \quad (5.18)$$

ただし，$\tilde{z}(t) \equiv \frac{\mu_1(t)}{B\beta\gamma}(AK(t)^\alpha n(t)^{\frac{1-\alpha}{\xi}}x(t)^{1-\alpha})^{1-\gamma}$ である．横断性条件より以下の関係が成立する．

$$\lim_{t\to\infty} e^{-\rho t}\mu_1(t)K(t) = 0, \quad (5.19)$$

$$\lim_{t\to\infty} e^{-\rho t}\mu_2(t)n(t) = 0. \quad (5.20)$$

ここで，定常状態における成長率を導出することにしよう．定常状態においては各変数の成長率は一定となる．そして結果として $Y(t)$，$K(t)$，$C(t)$ はすべて一定の率で成長する[4]．この率を g_Y^* で表すと次の関係が成立する．

$$g_Y^* = [\sigma + \Gamma(\sigma+\gamma-1)]^{-1}\left[\frac{1-\xi}{\xi}\varepsilon L - \rho\right]. \quad (5.21)$$

ただし，$\Gamma \equiv \frac{1}{\gamma(1-\alpha)(\beta-1)}$ である[5]．経済が長期的にプラスで成長するための条件は $\frac{1-\xi}{\xi}\varepsilon L - \rho > 0$ である．この条件は，第2章において環境の外部性がない状況で求められた条件とまったく同じであることに注意しよう．環境の外部性が存在しているようなモデルにおいても，最適な成長率は依然として $\frac{1-\xi}{\xi}\varepsilon L - \rho > 0$ である限りプラスに保たれるのである．しかしながら，成長率は第2章のような環境汚染の外部性が存在しないようなケースと比較すると必ず下回ることになる[6]．

---

4) これは，第2章でなされたものと同様の手法を用いる．(5.14) より，$-\sigma\frac{\dot{c}(t)}{c(t)} = \frac{\dot{\mu}_1(t)}{\mu_1(t)}$ となるので，定常態において $\frac{\dot{\mu}_1(t)}{\mu_1(t)}$ は一定となる．したがって，(5.17) より $\frac{Y(t)}{K(t)}$ が一定となる．すなわち，$g_Y = g_K$ となる．経済全体での資源制約は
$$\dot{K}(t) = Y(t) - C(t)$$
である．この式の両辺を $K(t)$ で割ると，$g_K = \frac{Y(t)}{K(t)} - \frac{C(t)}{K(t)}$ となるので，$\frac{C(t)}{K(t)}$ は一定となる．すなわち $g_C = g_K$ となる．

5) (5.21)の導出については補論を参照せよ．

次に，汚染の動学的挙動に焦点を当てることにする。経済は初期の段階で比較的貧しい，すなわち，$K(0)$, $n(0)$ が比較的小さな値を取るものとしよう。その場合には，$Y(0)$, $c(0)$ もまた十分に小さな値を取り，$z(0)=1$ となる。この場合には，経済発展の初期の段階において，$K(t)$, $Y(t)$, $n(t)$, $c(t)$ 同様 $D(t)$ もまた通時的に上昇することになる。しかしながら，ある期を過ぎると $z(t)$ が1より小となる。その後，$z(t)$ は通時的に減少するので，この効果によって汚染量もまた減少する傾向がある。定常状態における汚染量の変化率は次のようになる。

$$g_D^* = \frac{1-\sigma}{\gamma} g_Y^*. \tag{5.22}$$

この関係は第4章の外生的な技術進歩が存在するケースにおいて求められた条件と同じである。したがって，ここで検討した Stokey モデルでは技術進歩が内生的であるか外生的であるかにかかわらず $\sigma > 1$ のとき，かつそのときに限り長期的に汚染量は通時的に減少することになる[7]。この場合には，経済成長は持続可能となるのである。

5.2.2 市場経済における基本モデル

前項では社会的計画者の問題を検討し，社会的に最適な成長率や汚染の動学的挙動を求めた。本項では市場経済を考察することにしよう。第4章（特に 4.2.4)における議論を繰り返すことによって，政府が排出許可証を企業に配分する政策と汚染税を採用する政策とは実質的に同じであるということ

---

6) 第2章のような環境汚染の外部性が存在しないようなケースの社会的に最適な成長率は
$$\frac{1}{\sigma}\left[\frac{1-\xi}{\xi}\varepsilon L - \rho\right]$$
であったことを思い起こそう。また本章においても
$$\frac{1-\xi}{\xi}\varepsilon L - \rho > 0$$
という関係がみたされるものとする。

7) Aghion and Howitt (1998, ch.5), Grimaud (1999) においても類似した帰結が得られている。

や直接規制では社会的に最適な状態を達成することができないということを示すことができる。したがって、ここでは政府が最終財企業から排出される汚染に対して税を課すような状況を検討すれば十分である。また、R&Dが第2章のモデルと同様、企業家の私的なインセンティブによってなされるということも市場経済における重要な特徴である。

最終財部門から規定する。最終財の市場は完全競争的であるものとする。多くの小企業が(5.1)で与えられる同一の技術のもとで生産活動に従事している。(5.5)を用いて生産関数を変形し、それを産業レベルにまとめると次のようになる。

$$Y(t) = A^{\frac{\beta-1}{\beta}} K(t)^{\alpha\frac{\beta-1}{\beta}} \left[\int_0^{n(t)} x_i(t)^{\xi} di \right]^{\frac{1-\alpha}{\xi}\frac{\beta-1}{\beta}} D(t)^{\frac{1}{\beta}}. \qquad (5.23)$$

すなわち、最終財は実質的に資本、中間財および汚染を生産要素として生産されることがわかる。また、$z(t) \in [0,1]$ であるので、$D(t) \leq Y(t)$ という制約があることに注意しよう。すなわちある一定以上に汚染を投入しても産出量は増加しないのである。

企業は各期において利子率 $r(t)$、中間財の数 $n(t)$、各中間財の価格 $p_i(t)(i \in [0, n(t)])$、そして税率 $\tau(t)$ を所与として自らの利潤を最大にする。利潤関数は次のようになる[8]。

$$\Pi(t) = A^{\frac{\beta-1}{\beta}} K(t)^{\alpha\frac{\beta-1}{\beta}} \left[\int_0^{n(t)} x_i(t)^{\xi} di \right]^{\frac{1-\alpha}{\xi}\frac{\beta-1}{\beta}} D(t)^{\frac{1}{\beta}} - r(t)K(t)$$

$$- \int_0^{n(t)} p_i(t) x_i(t) di - \tau(t) D(t). \qquad (5.24)$$

企業の利潤最大化のための条件を、$D(t) \leq Y(t)$ であることを考慮し、市場均衡で評価すると次の関係を得ることができる。

$$r(t) \geq \alpha \frac{\beta-1}{\beta} \frac{Y(t)}{K(t)}, \qquad (5.25)$$

---

8) ただし、最終財の価格は1に基準化されている。

$$x_i(t) = \frac{E_x(t)}{\int_0^{n(t)} p_i(t)^{-\frac{\xi}{1-\xi}} di} p_i(t)^{-\frac{1}{1-\xi}}, \tag{5.26}$$

$$\tau(t) \leq \frac{1}{\beta} \frac{Y(t)}{D(t)}. \tag{5.27}$$

ただし，$E_x(t)$ は最終財企業が中間財の購入に用いる総額である．また，$\Pi(t)=0$ となることも指摘しておく．

次に R & D 部門と中間財部門について検討する．企業は R & D に自由に参入できるものとする．それらは株式を発行して研究活動における資金を獲得し，新しい種類の中間財を発明する．この部門における生産関数は再び (5.3) で与えられる．研究活動に成功した企業は，自らが発明した財を独占的に製造，販売し利潤を得る．研究に成功した第 i 企業が中間財部門において得られる利潤は次のようになる．

$$\pi_i(t) = p_i(t) x_i(t) - w(t) x_i(t). \tag{5.28}$$

ただし，$w(t)$ は賃金率であり，$\pi_i(t)$ は第 i 企業の利潤である．第 i 企業に対する需要関数は (5.26) で与えられている．第 2 章と同様の手法を用いると，企業が利潤最大化のためにつける価格は

$$p_i(t) = p(t) = \frac{w(t)}{\xi} \tag{5.29}$$

となり，すべての $i (i \in [0, n(t)])$ で等しくなることがわかる．(5.29) では，この値を $p(t)$ で表している．

(5.28)，(5.29) より，各期において，中間財の価格，製造量および利潤はすべての製品ラインにおいて等しくなることがわかる．そこで $\pi_i(t) (\in [0, n(t)])$ を $\pi(t)$ と記述することにする．次に R & D がもたらす価値について考察することにしよう．各企業の株式企業価値 $v(t)$ を以下のように定義する．

$$v(t) = \int_t^\infty e^{-\int_t^{t'} r(\eta) d\eta} \pi(t') dt'. \tag{5.30}$$

(5.30)の両辺を t で微分することによって以下のような非利ザヤ条件を導出することができる。

$$r(t)v(t) = \pi(t) + \dot{v}(t). \tag{5.31}$$

最後に自由参入条件について検討する。(5.3)より1単位のR&Dに必要とされる労働量は $\frac{1}{n(t)\varepsilon}$ であり，そのような活動が生み出す価値は $v(t)$ であるので，自由参入条件として以下の関係が成立する。

$$v(t) \leq \frac{1}{n(t)\varepsilon} w(t). \tag{5.32}$$

ただし，$\dot{n}(t) > 0$ である場合には(5.32)は常に等号で成立する。

次に消費者の行動について考えることにしよう。各個人はR&D部門，もしくは中間財部門に労働を提供し賃金を受け取る。また資産に対する利子と政府からの補助金[9]を受け取る。消費者は $r(t)$，$w(t)$，$\tilde{\tau}(t)$ の時間経路を所与として消費と貯蓄に関する意思決定を行う。ただし，$\tilde{\tau}(t)$は政府からの補助金であり，$\tilde{\tau}(t) = \frac{\tau(t)D(t)}{L}$ である。すなわち

$$\dot{a}(t) = r(t)a(t) + \tilde{\tau}(t) + w(t) - c(t) \tag{5.33}$$

という予算制約のもとで(5.4)を最大にするのである。ただし，$a(t)$ は一人当たりの資産である。その初期値 $a(0) = a_0$ は所与である。カレント・バリュー・ハミルトニアンは次のように設定される。

$$\mathscr{H} = \frac{c^{1-\sigma} - 1}{1 - \sigma} - BD(t)^{\gamma} + \nu(r(t)a + \tilde{\tau}(t) + w(t) - c). \tag{5.34}$$

ただし，ν は所得のシャドー・プライスである。最大化のための条件として以下の関係が成立する。

$$\frac{\partial \mathscr{H}}{\partial c} = 0 \Rightarrow c(t)^{-\sigma} = \nu(t), \tag{5.35}$$

---

9) 政府は汚染税で得た収入を消費者に補助金として分配すると仮定する。

$$\dot{\nu}-\rho\nu=-\frac{\partial \mathscr{H}}{\partial a} \Rightarrow \dot{\nu}(t)-\rho\nu(t)=-r(t)\nu(t). \tag{5.36}$$

横断性条件は

$$\lim_{t \to \infty} e^{-\rho t}\nu(t)a(t)=0 \tag{5.37}$$

である。(5.35), (5.36)より消費の成長率は

$$g_{c(t)}=\frac{1}{\sigma}(r(t)-\rho) \tag{5.38}$$

となる。

5.2.3 定常状態均衡

ここでは定常状態に焦点を当て，長期的な経済成長率と汚染との関連を検討する。いま，政府は(5.22)を満足させるような税率を設定しているものとしよう。すなわち，Y, K, C と比較した相対的な汚染の変化率は，社会的最適状態におけるものと変わらないと仮定するのである。この場合には，g_Y と g_n の関係もまた 5.2.1 でもたらされたものと同じになる[10]。本章においても成長率を導出するために労働市場均衡条件と非利ザヤ条件という2つの関係式を用いる。また，以下では (t) は省略する。労働市場均衡条件は

$$\frac{1}{\varepsilon}g_n+X=L \tag{5.39}$$

である。非利ザヤ条件(5.31)を変形すると次のようになる[11]。

$$\frac{1-\xi}{\xi}\varepsilon X=g_n+(\sigma-1)g_Y+\rho. \tag{5.40}$$

したがって分権経済における成長率を g_Y^d で表すと

---

[10] この関係は，本章のモデルにおいて社会的に最適な成長率を求めた本章の補論の(5.113)で与えられることに注意しよう。

[11] (5.31)の両辺を v で割り，第2章と同様の方法を用いる。すなわち，$g_v=g_Y-g_n$, $r=\sigma g_Y+\rho$, $\frac{\pi}{v}=\frac{1-\xi}{\xi}\frac{wnx}{nv}=\frac{1-\xi}{\xi}\varepsilon X$ という関係を用いるのである。

$$g_Y^d = \left[(\sigma-1) + \frac{1}{1-\xi}(1+\Gamma(\sigma+\gamma-1))\right]^{-1}\left[\frac{1-\xi}{\xi}\varepsilon L - \rho\right] \quad (5.41)$$

となる.社会的に最適な成長率 (5.21) を

$$g_Y^* = \left[(\sigma-1) + (1+\Gamma(\sigma+\gamma-1))\right]^{-1}\left[\frac{1-\xi}{\xi}\varepsilon L - \rho\right] \quad (5.42)$$

と書き直し両者を比較してみよう.唯一の相違点は $\frac{1}{1-\xi}$ という係数であり,この係数が市場の歪みを反映している.市場経済における成長率は最適なものと比較して必ず低くなる.中間財の代替性 (ξ) が大きいときほど,分権経済の成長率と社会的に最適な成長率の差は大きくなることに注意しよう.これは,中間財の代替性 (ξ) が大きいときほど[12],中間財を販売することによってもたらされる利潤は低くなり,したがって R & D に対するインセンティブもまた低くなるからである.長期的な成長率がプラスとなるための条件は

$$\frac{1-\xi}{\xi}\varepsilon L - \rho > 0 \quad (5.43)$$

であるが,これは第 2 章における条件とまったく同じである.しかしながら汚染の外部性があるために第 2 章の分権経済における成長率よりは必ず低くなる[13].

5.2.4 経済政策と環境政策

ここでは,R & D 部門において生じた歪みを是正するような産業政策を検討する.本節のモデルでは既に汚染税という形で政府が介入していたことに注意しよう.しかしながら上で確認したように汚染税を課すだけでは社会的に最適な成長率を達成できない.これは本モデルにおいて環境汚染という

---

12) 中間財の代替の弾力性は $\frac{1}{1-\xi}$ である.
13) 第 2 章の市場経済における成長率は

$$\left[(\sigma-1) + \frac{1}{1-\xi}\right]^{-1}\left[\frac{1-\xi}{\xi}\varepsilon L - \rho\right]$$

であったことを思い起こそう.

負の外部性と研究部門における正の外部性という2つの外部性があるからである。したがってこれを是正するためには，2つの政策のポリシー・ミックスが必要となるのである[14]。

政府が研究費用の一定割合，ψ を負担するような状況を考えることにしよう。そのような政策が施行されると，自由参入条件は

$$\varepsilon n v = w(1-\psi) \tag{5.44}$$

となり[15]，非利ザヤ条件もまた以下のように変化する。

$$\frac{\frac{1-\xi}{\xi}\varepsilon X}{1-\psi} = g_n + (\sigma-1)g_Y + \rho. \tag{5.45}$$

労働市場均衡条件および g_n と g_Y の関係は以前と同じである。このことを考慮すると g_Y^* を達成するための最適助成率，ψ^* は次のようになる。

$$\psi^* = \frac{g_n^*}{g_n^* + (\sigma-1)g_Y^* + \rho}. \tag{5.46}$$

これは，第2章でもたらされたものと同じである。しかしながら，第2章における最適な成長率と本節におけるそれとは異なっているため必要とされる助成率そのものは異なっている。このような政策が施行されると経済成長率，および汚染の変化率はともに社会的に最適なものとなる。次に中間財部門への助成政策を検討することにしよう。中間財製造部門への補助率を ψ_x で表すことになる。このとき企業が最終財企業に中間財1単位を販売することから得る収入は $p(1+\psi_x)$ となる。第 i 企業の利潤関数は

$$\pi_i = p_i(1+\psi_x)x_i - wx_i \tag{5.47}$$

で与えられるので，企業は

---

14) この帰結は，複数個の政策目標を達成するためには，目標と同じ数だけの政策手段が必要であるというティンバーゲンの定理とも整合的である。この点に関する議論は Johansen (1964) [邦訳，10-13ページ], Dernburg and McDougall (1972) [邦訳，347-355ページ] 等を参照せよ。

15) ここで焦点が当てられるのは R&D がなされているような状態である。よって，(5.44) では，自由参入条件が等号で成立するような状況のみを考える。

$$p_i = p = \frac{w}{\xi(1+\psi_x)} \tag{5.48}$$

という価格設定を行うことによって利潤を最大にする。ここで $pnx = \frac{(1-\alpha)(\beta-1)}{\beta}Y$ であるので，x および $\frac{\pi}{v}$ はそれぞれ

$$x = \frac{\frac{(1-\alpha)(\beta-1)}{\beta}\xi(1+\psi_x)Y}{nw}, \tag{5.49}$$

$$\frac{\pi}{v} = \frac{\frac{(1-\alpha)(\beta-1)}{\beta}(1-\xi)(1+\psi_x)\varepsilon Y}{w} \tag{5.50}$$

となる。賃金 w は $\frac{\frac{(1-\alpha)(\beta-1)}{\beta}\xi(1+\psi_x)\xi Y}{X}$ となるので，$\frac{\pi}{v}$ は

$$\frac{\pi}{v} = \frac{(1-\xi)\varepsilon X}{\xi} \tag{5.51}$$

となる。したがって，中間財部門への助成は非利ザヤ条件に何ら影響を与えず成長率もこのような政策によって促進されることはない。

5.3　環境保護への投資が存在するケース

5.3.1　基本モデル

本節では環境保護活動に対して投資を行うようなモデルを検討することにしよう。まずは各経済主体の行動について規定する[16]。最終財部門の生産関数を次のように設定する。

$$Y(t) = AK(t)^\alpha \left[\int_0^{n(t)} x_i(t)^\xi di\right]^{\frac{1-\alpha}{\xi}}. \tag{5.52}$$

最終財を生産する企業は，利子率，各中間財の価格，および $n(t)$ を所与として，各期において利潤を最大化する。これまでと同様の議論を繰り返すことによって，利潤最大化のための条件として次の関係が成立することがわかるであろう。

---

16) 特に断りのない限り，各変数はすべて前節と同じものを表す。

$$r(t) = A\alpha K(t)^{\alpha-1}\left[\int_0^{n(t)} x_i(t)^{\xi} di\right]^{\frac{1-\alpha}{\xi}}, \tag{5.53}$$

$$x_i(t) = \frac{E_x(t)}{\int_0^{n(t)} p_i(t)^{-\frac{\xi}{1-\xi}} di} p_i(t)^{-\frac{1}{1-\xi}}. \tag{5.54}$$

ただし，$E_x(t)$ は中間財購入のために用いられる総額である。

次に R ＆ D 部門と中間財部門について検討する。基本的な設定は前節と同様である。研究部門における生産関数も再び(5.3)である。

中間財の生産はその財を R ＆ D 部門で開発した企業によってなされるものとする。また，中間財を 1 単位生産するためには，労働 1 単位が必要であるものとしよう。前節と同様の議論を繰り返すことによって，各企業の利潤関数，価格づけ式は再び，(5.28)，(5.29)となる。このとき各中間財の販売量は，すべての産業ラインで等しくなり，その量を $x(t)$ で表すと利潤は $\frac{1-\xi}{\xi} w(t) x(t)$ となる。非利ザヤ条件，自由参入条件も(5.31)，(5.32)で与えられる。

家計部門においても前節とほとんど同様である。家計の目的関数と汚染の排出過程を表す式のみが前節と異なる点である。ここでは代表的家計の目的関数を次のように設定することにしよう。

$$U = \int_0^{\infty} e^{-\rho t}(\log c(t) - BD(t)) dt. \tag{5.55}$$

ただし，$\rho(>0)$ は主観的割引率であり，$\log c(t) - BD(t)$ は瞬時的効用である。ここでは前節における目的関数が，$\sigma = \gamma = 1$ という特殊ケースで与えられているものと解釈できる。汚染量，$D(t)$ は次のようになる。

$$D(t) = \beta \frac{K(t)}{M(t)}. \tag{5.56}$$

ただし，$M(t)$ は環境保全活動（排出物除去活動）に使用される総額である。β は汚染の排出過程を表すパラメータである。以下 $\beta > 0$ とする。家計の資産の蓄積方程式として以下の関係が成立する。

$$\dot{a}(t) = r(t)a(t) + w(t) - c(t) - m(t). \tag{5.57}$$

ただし，$m(t)$ は一人当たりの環境保全活動（排出物除去活動）に投資される額である．また，$a(0)=a_0$ は所与である．

カレント・バリュー・ハミルトニアンは，以下のように設定される[17]．

$$\mathscr{H} = \log c - B\beta \frac{K(t)}{mL} + \nu(r(t)a + w(t) - c - m). \tag{5.58}$$

ただし，ν は資産のシャドー・プライスである．最大化のための条件として，次の関係が成立する．

$$\frac{\partial \mathscr{H}}{\partial c} = 0 \Rightarrow \frac{1}{c(t)} = \nu(t), \tag{5.59}$$

$$\frac{\partial \mathscr{H}}{\partial m} = 0 \Rightarrow B\beta K(t) L^{-1} m(t)^{-2} = \nu(t), \tag{5.60}$$

$$\dot{\nu} - \rho\nu = -\frac{\partial \mathscr{H}}{\partial a} \Rightarrow \dot{\nu}(t) - \rho\nu(t) = -r(t)\nu(t). \tag{5.61}$$

横断性条件は

$$\lim_{t \to \infty} e^{-\rho t} \nu(t) a(t) = 0 \tag{5.62}$$

である．消費の成長率は次のようになる．

$$g_{c(t)} = r(t) - \rho. \tag{5.63}$$

5.3.2　長期的な成長率と汚染量との関連

以下の部分では，前項における均衡条件がみたされ，かつ各変数が一定の（しかし同一とは限らない）率で成長していくような定常状態に議論を集中することにする．また，以下では記号の簡略化のために (t) を省略する．まず，以下の関係が成立していることに注意しよう．

[17) ここでは，$M=mL$ を仮定する．より一般的には，各家計が，自分以外のすべての家計の m に対する戦略を考慮しながら，自らの m を決定する状況が考えられる．$M=mL$ と仮定したことは，例えば，各家計が協力して「環境保全組合」のようなものを作っている状況や，家計が自主的に税率を決めるような社会を想定できるかもしれない．

$$g_C = g_c = \alpha \hat{y} - \rho, \tag{5.64}$$

$$g_K = \hat{y} - \hat{c} - \hat{m}, \tag{5.65}$$

$$\hat{c} = \frac{1}{B\beta}\hat{m}^2. \tag{5.66}$$

ただし，$\hat{y} \equiv \frac{Y}{K}$, $\hat{c} \equiv \frac{C}{K}$, $\hat{m} \equiv \frac{M}{K}$ である．上の 3 つの関係，および g_C, g_K が一定であるという事実を用いると $\hat{y}$, $\hat{c}$, $\hat{m}$ はすべて定数となる．すなわち定常状態では Y, C, M, K がすべて等しい率で成長することになる．汚染量は $\beta \frac{K}{M}$ であるので，汚染も長期的には一定となる．

生産関数より次の関係を導出することができる．

$$g_Y = \left[\frac{1-\xi}{\xi}\right] g_n. \tag{5.67}$$

いま，$g_n = \varepsilon L_R$ に注意すると，$\frac{\dot{L}_R}{L_R} = \frac{\dot{L}_X}{L_X} = 0$ となる．ただし，L_X は中間財の製造のために用いられる労働量である．第 2 章同様ここでも次の関係が成立することがわかる．

$$g_Y = g_n + g_v = g_w = g_p. \tag{5.68}$$

ここで，定常状態における成長率を導出することにしよう．労働市場均衡条件は

$$\frac{1}{\varepsilon} g_n + X = L \tag{5.69}$$

である．非利ザヤ条件は本節のモデルでも (5.31) で与えられているので，次の関係が成立する．

$$\frac{\pi}{v} + \frac{\dot{v}}{v} = r. \tag{5.70}$$

前節同様，$g_v = g_Y - g_n$, $r = g_Y + \rho$, $\frac{\pi}{v} = \frac{1-\xi}{\xi}\frac{wnx}{nv} = \frac{1-\xi}{\xi}\varepsilon X$ という関係が成立することに注意すると，次式を得る．

$$\frac{1-\xi}{\xi}\varepsilon X = g_n + \rho. \tag{5.71}$$

(5.67), (5.69), (5.71)を用いて定常状態における成長率, g_Y^d を求めると次のようになる。

$$g_Y^d = (1-\xi)\left[\frac{1-\xi}{\xi}\varepsilon L - \rho\right]. \tag{5.72}$$

ただし, g_Y^d は定常状態における資本の（消費, 産出量等の共通の）成長率である。

　R＆D部門における生産性が高いほど（ε が大きいほど），製品間の代替性が低いほど（ξ が小さいほど），経済の規模が大きいほど（L が大きいほど），そして，家計が忍耐強いほど（ρ が小さいほど），長期的な成長率は高くなる帰結はこれまでと同様である。また，最終財生産における資本の比率（α），汚染に対する不効用の程度を表すパラメータ（B），汚染の排出過程を表すパラメータ（β）が長期的な成長率に対して何ら影響を及ぼさないことも指摘しておくことにしよう。

　次に汚染量について検討することにしよう。(5.64), (5.65), (5.66)および定常状態においては K と C が同じ率で成長するという事実を用いて，定常状態における $\widehat{m}$ の値を $\widehat{m}^d$ で表すと次のようになる。

$$\widehat{m}^d = \frac{B\beta[-\alpha + \sqrt{\alpha^2 + \frac{4\alpha}{B\beta}((1-\alpha)g_Y + \rho)}\,]}{2\alpha}. \tag{5.73}$$

したがって，定常状態における汚染量（D^d）は次のように表される。

$$D^d = \frac{2\alpha}{B[-\alpha + \sqrt{\alpha^2 + \frac{4\alpha}{B\beta}((1-\alpha)g_Y^d + \rho)}\,]}. \tag{5.74}$$

定常状態における成長率が高いほど（g_Y が大きいほど，すなわち，ε, L が大きいほど，そして ξ, ρ が小さいほど），最終財生産における資本の比率が低いほど（α が小さいほど），汚染に対する不効用の程度が大きいほど（B が大きいほど），汚染量がより小さくなる傾向にあるときほど（β が小さいほど），汚染水準が低くなることに注意することにしよう。(5.72), (5.74)より，最終財生産における資本の比率 α は，汚染水準に対して正の

相関をもつが，長期的な成長率とは相関がないことがわかる。すなわち，排出量を抑えつつ成長率を維持するためには，(汚染排出型の産業からそうでない産業への) 産業構造の転換が必要であるという主張も正当化されることになるであろう。

最後に，定常状態における汚染量が(5.74)のような形で明示的に表されたのは汚染の排出過程を表す式を $\frac{K}{M}$ に関する線形の形で定義したことに決定的に依存していることを指摘しておく。しかしながら，たとえ汚染を $\frac{K}{M}$ に関する非線形の形で定義したとしても定常状態における汚染量と種々のパラメータ間の関係にはほとんど影響を与えない。成長率を表す式は依然(5.72)で表されることになる。本章では定常状態における汚染量を明示的に表し結論を明確化するために(5.56)のような定式化を採用している。

5.3.3 市場経済における外部性の影響と社会的最適状態

本節では，社会的計画者の問題を考察することにしよう。社会的計画者の問題は目的関数(5.4)を以下の制約のもとで最大にすることである。

$$\dot{K} = Y - C - M, \tag{5.75}$$

$$\dot{n} = \varepsilon n(L - nx). \tag{5.76}$$

ただし，$K(0)=K_0$，$n(0)=n_0$ は所与である。各中間財がそれぞれ等しい量だけ用いられていることに注意しよう。

カレント・バリュー・ハミルトニアンは次のように設定される。

$$\mathscr{H} = \log c - B\beta \frac{K}{M} + \mu_1(AK^\alpha n^{\frac{1-\alpha}{\varepsilon}} x^{1-\alpha} - cL - M) + \mu_2(\varepsilon(L-nx)n). \tag{5.77}$$

ただし，μ_1，μ_2 は，それぞれ資本と中間財の測度 (数) に関するシャドー・プライスである。最大化のための条件として次の関係が成立する。

$$\frac{\partial \mathscr{H}}{\partial c} = 0 \Rightarrow \frac{1}{C} = \mu_1, \tag{5.78}$$

$$\frac{\partial \mathscr{H}}{\partial M}=0 \Rightarrow B\beta KM^{-2}=\mu_1, \tag{5.79}$$

$$\frac{\partial \mathscr{H}}{\partial x}=0 \Rightarrow \mu_1(1-\alpha)\frac{Y}{x}-\mu_2\varepsilon n^2=0, \tag{5.80}$$

$$\dot{\mu}_1-\rho\mu_1=-\frac{\partial \mathscr{H}}{\partial K} \Rightarrow \dot{\mu}_1-\rho\mu_1=B\beta M^{-1}-\mu_1\alpha\frac{Y}{K}, \tag{5.81}$$

$$\dot{\mu}_2-\rho\mu_2=-\frac{\partial \mathscr{H}}{\partial n} \Rightarrow \dot{\mu}_2-\rho\mu_2=-\mu_1\frac{1-\alpha}{\xi}\frac{Y}{n}-\mu_2\varepsilon(L-2X). \tag{5.82}$$

横断性条件は以下のようになる。

$$\lim_{t\to\infty}e^{-\rho t}\mu_1 K=0, \tag{5.83}$$

$$\lim_{t\to\infty}e^{-\rho t}\mu_2 n=0. \tag{5.84}$$

(5.78), (5.79), (5.81)より一人当たりの消費の成長率は次のように与えられる。

$$g_c=\alpha\frac{Y}{K}-\frac{M}{K}-\rho. \tag{5.85}$$

本節でも定常状態に焦点を集中することにしよう。次の関係が成立している。

$$g_C=g_c=\alpha\hat{y}-\hat{m}-\rho, \tag{5.86}$$

$$g_K=\hat{y}-\hat{c}-\hat{m}, \tag{5.87}$$

$$\hat{c}=\frac{1}{B\beta}\hat{m}^2. \tag{5.88}$$

ただし，$\hat{y}\equiv\frac{Y}{K}$, $\hat{c}\equiv\frac{C}{K}$, $\hat{m}\equiv\frac{A}{M}$ である。前節と同様の議論によって，Y, K, C, M は同じ率で成長することがわかる。また，(5.80)を変形すると，$\frac{(1-\alpha)}{X\varepsilon}=\frac{\mu_2 n}{\mu_1 Y}$ となるので，定常状態においては，$\mu_2 n$ は一定となることもわかる。これらの事実，および(5.80)，(5.82)より次の関係が成立する。

$$g_Y^* = \frac{1-\xi}{\xi}\varepsilon L - \rho. \tag{5.89}$$

ただし，g_Y^* は社会的に最適な定常状態における n の成長率である。

社会的に最適な汚染量を求めることにしよう。(5.86)，(5.87)，(5.88)に注意し，社会的に最適な定常状態における $\hat{m}$ の値を $\hat{m}^*$ で表すと次のようになる。

$$\hat{m}^* = \frac{B\beta[(1-\alpha)+\sqrt{(1-\alpha)^2 + \frac{4\alpha}{B\beta}((1-\alpha)g_Y^* + \rho)}\,]}{2\alpha}. \tag{5.90}$$

したがって，定常状態における汚染量 (D^*) は次のようになる。

$$D^* = \frac{2\alpha}{B[(1-\alpha)+\sqrt{(1-\alpha)^2 + \frac{4\alpha}{B\beta}((1-\alpha)g_Y^* + \rho)}\,]}. \tag{5.91}$$

分権経済における汚染量の最適値 D^d と比べると $D^d > D^*$ という関係が直ちに求められる。すなわち，分権経済では，社会的に最適な状況と比較して，経済成長率はより低く，汚染量はより多くなっていることがわかる。

5.3.4 政策介入

本項では分権経済における歪みを是正するような政策について考察することにする。まずは，R＆Dに対する助成政策を考えてみることにしよう。政府が，R＆Dにかかる費用の一部を負担することにする。政府が負担する割合を ψ で表すことにしよう。ただし，家計の行動に対して異時点間の影響がでないように，政府は一括税を課すことによって助成に対する財源を確保するものとしよう。いま，R＆D部門において企業が負担する賃金率は $w(1-\psi)$ となっているので，(R＆Dがなされているもとでの) 自由参入条件は

$$v = \frac{w(1-\psi)}{n\varepsilon} \tag{5.92}$$

となる。したがって，非利ザヤ条件は次のようになる。

$$\frac{\frac{1-\xi}{\xi}\varepsilon X}{1-\psi} = g_n + \rho. \tag{5.93}$$

労働市場均衡条件がこのような政策によって影響を受けないことは明らかである。よって，労働市場均衡条件を用いて(5.93)から X を消去すると次の関係が成立する。

$$\frac{1-\xi}{\xi}(\varepsilon L - g_n) = (1-\psi)(g_n + \rho). \tag{5.94}$$

(5.94)より社会的に最適な成長率が達成されるための R & D への助成率を ψ^* で表すと

$$\psi^* = \frac{g_n^*}{g_n^* + \rho} \tag{5.95}$$

となる。さて，上記のような政策がなされた場合の汚染量についても検討することにしよう。定常状態において，以下の関係が成立している。

$$g_Y = \alpha \hat{y} - \rho, \tag{5.96}$$

$$g_Y = \hat{y} - \hat{c} - \hat{m} - \hat{\tau}, \tag{5.97}$$

$$\hat{c} = \frac{1}{B\beta}\hat{m}^2. \tag{5.98}$$

ただし，$\hat{\tau} \equiv \frac{\tau L}{K}$ は，一括税の額（すなわち，一人当たりの（R & D への助成への財源としての）一括税の額（τ）と人口 L を掛けたもの）を資本ストック量 K で除したものである。この時の汚染量（D^p）は，以下の式で与えられる。

$$D^p = \frac{2\alpha}{B[-\alpha + \sqrt{\alpha^2 + \frac{4\alpha}{B\beta}((1-\alpha)g_Y^* + \rho - (1-\alpha)(1-\xi)\frac{g_Y^* + \rho}{g_n^* + \rho}\frac{g_n^{*2}}{\rho})}]}. \tag{5.99}$$

ここで成長促進的な政策が汚染水準に及ぼす相反する効果があることに注意しよう。このような政策によって成長率は上昇し，このことによって汚染水準は減少する傾向にある。この影響は D^p の分母の $\frac{4\alpha}{B\beta}(1-\alpha)$ にかけられているものが g_Y^d から g_Y^* に変化したことによって表されている。他方では，家計は税金を徴収されているので，環境保全活動に用いる額 m を減らすことになる。これによって汚染量は増加する傾向がある。この影響は，新たに分母

に現れた $(1-\alpha)(1-\xi)\frac{g_n^*+\rho}{g_n^*+\rho}\frac{g_n^{*2}}{\rho}$ という項によって示されている。前者の影響の方がより大きい場合には汚染量は減少し、逆の場合には汚染量は増加する。しかしながら、社会的に最適な成長率が十分大きいときには

$$D^p > D^d \qquad (5.100)$$

となる[18]。一般的には、成長促進的な政策手段だけでは社会的に最適な汚染水準状態を達成できない。したがって、ここでは成長促進的な手段に加えて汚染を削減するような政策もまた採用されなければならない。

例えば、いま、上記のようなR&Dへの助成政策に加えて政府は環境保全活動もまた行うことにしよう。政府は、環境保全のための資金を一括税で調達し、それをすべて環境保全のための資金として使用することにしよう。このとき、排出物の排出過程を表す関数を次のように定式化し直すことにする。

$$D = \frac{K}{M+\Delta}. \qquad (5.101)$$

ただし、Δ は、政府が環境保全のために投入する額である。当然のことながら、$\Delta=0$ のケースはこれまでの議論と一致することになる。

このときのカレント・バリュー・ハミルトニアンは、次のようになる。

$$\mathscr{H} = \log c - B\beta \frac{K(t)}{(m+\delta(t))L} + \nu_1(r(t)a + w(t) - c - m - \tau(t)^* - \delta(t)). \qquad (5.102)$$

ただし、ν_1 はこのケースにおける資産のシャドー・プライスである。τ^* はR&Dに対する助成がなされるために課された一括税である。アスタリスクによって社会的に最適な成長率を達成するための額が課税されたことが意味されている。δ は一人当たりの環境保全税の税額である。

最大化のための条件として、次の関係が成立する。

---

[18] (5.100)に関する議論の詳細については、補論を参照せよ。

$$\frac{\partial \mathscr{H}}{\partial c}=0 \Rightarrow \frac{1}{c}=\nu_1, \tag{5.103}$$

$$\frac{\partial \mathscr{H}}{\partial m}\leq 0 \Rightarrow B\beta KL^{-1}(m+\delta)^{-2}\leq \nu_1, \tag{5.104}$$

$$\dot{\nu}_1-\rho\nu_1=-\frac{\partial \mathscr{H}}{\partial a}\Rightarrow \dot{\nu}_1-\rho\nu_1=-r\nu_1. \tag{5.105}$$

横断性条件は

$$\lim_{t\to\infty}e^{-\rho t}\nu_1 a=0 \tag{5.106}$$

となる。各家計は,税額 δ が環境保全活動に用いられることを考慮に入れながら自らの行動を決定すること,(5.104)では m,$\delta\geq 0$ という条件が用いられていることに注意しよう。(5.104)より次の関係が成立する。

$$m^{pp}=\begin{cases}0 & (m^p\leq\delta),\\ m^p-\delta & (m^p>\delta).\end{cases} \tag{5.107}$$

ただし,m^p は R & D に対する助成のみが存在する場合の家計が決定する m の値であり($m^p=\frac{\beta}{D^p}$),m^{pp} は現在検討している状況における m の最適値である。δ が比較的小さい場合には,環境保全税を採用する政策は環境水準に対して影響を与えないことに注意しよう。各家計は,環境保全税がとられると,環境保全活動に自主的に拠出する額 m を減らすことによって,最適化を図るからである。したがって,社会的に最適な排出量,D^* を達成するためには,政府はすべての環境保全活動を環境保全税によって調達しなければならない。この場合には,$m^{pp}=0$ となる[19]。

5.4 おわりに

本章では,第 2 章で導入されたバラエティー拡大型のイノベーションを伴うモデルに対して環境汚染の外部性が導入された。あるいは,第 4 章におけ

---

[19] 中間財業者への助成は第 2 章と同様,成長率に対してまったく影響を与えない。

る環境の外部性を伴うモデルを技術進歩が内生的に生じるように拡張したものと考えてもよい。

まずは Stokey モデルが分析された。環境汚染の外部性が存在する場合にも，経済成長は持続可能となることが明らかになった。この帰結は，第4章における生産性が外生的に上昇するモデルと同じである。社会的に最適な成長率を検討してみると，経済成長が持続可能になるための条件は第2章において導き出された結論と類似している。すなわち，製品間の代替性が低いほど，R＆D部門における生産性が高いほど，経済の規模が大きいほど，家計が忍耐強いほどその条件はみたされやすくなる。しかしながら環境の外部性によって達成される成長率は低くなる。

経済成長率と汚染との間の関係もまた導出された。適切なパラメータの範囲内のもとでは，汚染は定常状態において通時的に減少する。すなわち，長期的な経済成長率はプラスとなり汚染の変化率はマイナスとなる。この帰結は一人当たりの所得と汚染との間の逆Ｕ字の関係を指摘した環境クズネッツ曲線の右下がりの部分に対応している。

次に，市場経済についても分析した。Stokey モデルでは，まず，汚染に対してピグー税を課すような状況を検討した。本章のモデルにおいては最終財の生産の際に汚染が排出される。言い換えると，汚染を排出することによって，最終財の生産が行われている。これは，実質的に汚染が最終財の「生産要素」となっているということを意味している。したがって，最終財を生産する企業は，汚染の限界生産物が汚染に対する税率と等しくなるような水準で汚染を「需要」することになる。政府が適切な税率を設定した場合には，環境汚染の外部性がもたらす歪みを是正することが可能となる。

しかしながら，本章のモデルでは，研究部門における知識資本のスピルオーバーというもう1つの外部性が存在していたので，汚染に対する課税政策だけでは社会的に最適な厚生水準を達成できない。市場経済において達成される経済成長率は，社会的に最適なものと比較して必ず低くなってしまうのである。この点を是正するような産業政策も導出した。研究活動における正の外部性は，市場経済における経済成長率を社会的に最適なものと比較し

て低くする。言いかえると，研究活動に対する資源の投入量は，市場経済では過少になるのである。したがって，R＆D活動に対して助成を行い，研究費用を相対的に低下させることによって，企業がR＆Dを行うインセンティブを増加させることが必要となる。本章のモデルにおいては，環境汚染の外部性と研究部門において生じる外部性という2つの外部性が存在していたために，環境汚染に対する汚染税の導入とR＆Dへの助成というポリシー・ミックスが必要となるのである。

次に環境保護への投資が存在するようなモデル（Gradus＝Smuldersモデル）を導入した。主要な結論はStokeyモデルのものと類似している。長期的な成長率は再び汚染水準と負の相関をもつ。ただし，本章前半で検討したStokeyモデルでは，長期的な成長率と負の相関をもっていたのは汚染の変化率であったのに対し，環境保護への投資を伴うようなモデルにおいて成長率と負の相関をもつのは（長期的には一定となる）汚染水準である。また，汚染集約的な産業のシェアは経済成長率には影響を与えないが，汚染量とは正の相関をもつという結論も得られた。したがって，汚染を抑えつつ成長率を維持するためには汚染集約的な産業から環境への負荷の少ない産業へ産業構造を転換させることが必要となる。市場経済においては，研究部門における外部性と環境汚染の外部性という2つの外部性が存在しているために，社会的に最適なものと比較して，成長率は低くなり，汚染水準は高くなる。この2つの歪みを是正するためには，Stokeyモデル同様，研究活動への助成政策と環境保全税を採用した環境政策というポリシー・ミックスが必要となる。

5.5　補論1：成長率の導出

まずは各変数の成長率を導出することにしよう。定常状態において，Y，K，Cはすべて等しい率で成長する。(5.14)–(5.16)より以下の関係が成立する。

$$g_Y = -\frac{1}{\sigma}g_{\mu_1}, \tag{5.108}$$

$$g_z = \frac{1}{\beta\gamma-1}g_{\mu_1} + \frac{1-\gamma}{\beta\gamma-1}\left[\alpha g_Y + \frac{(1-\xi)(1-\alpha)}{\xi}g_n\right], \tag{5.109}$$

$$g_Y + g_{\mu_1} - g_n - g_{\mu_2} = 0. \tag{5.110}$$

生産関数より，$Y = AK^\alpha n^{\frac{1-\alpha}{\xi}}(\frac{X}{n})^{1-\alpha}z$ であるため以下の関係が成立する。

$$(1-\alpha)g_Y = \frac{(1-\xi)(1-\alpha)}{\xi}g_n + g_z. \tag{5.111}$$

(5.108)，(5.109)を利用して g_z を g_Y と g_n で表し，(5.111)に代入し整理すると

$$\left[(1-\alpha) + \frac{\alpha(\gamma-1)+\sigma}{\beta\gamma-1}\right]g_Y = \frac{(1-\alpha)(1-\xi)\gamma(\beta-1)}{\xi(\beta\gamma-1)}g_n \tag{5.112}$$

となるので，以下の関係が成立する。

$$[1+\Gamma(\sigma+\gamma-1)]g_Y = \frac{1-\xi}{\xi}g_n. \tag{5.113}$$

ただし，$\Gamma \equiv \frac{1}{(1-\alpha)(\beta-1)\gamma}$ である。(5.110)，(5.16)，(5.18)より以下のようになる。

$$(1-\sigma)g_Y - \rho + \frac{1}{\xi}\varepsilon L - \frac{1}{\xi}g_n = 0. \tag{5.114}$$

となる。(5.114)を労働市場均衡条件を利用して整理すると以下のようになる。

$$(1-\sigma)g_Y + \frac{1-\xi}{\xi}\varepsilon L - \rho - \frac{1-\xi}{\xi}g_n = 0. \tag{5.115}$$

(5.113)，(5.114)より以下の関係が成立する。

$$\frac{1-\xi}{\xi}\varepsilon L - \rho = (\sigma-1)g_Y + \frac{1-\xi}{\xi}g_n$$

$$= [\sigma + \Gamma(\sigma+\gamma-1)]g_Y. \tag{5.116}$$

これより，定常状態における成長率 g_Y^* を求めることができる。

汚染の動学的挙動に関しては

$$g_D = g_Y + (\beta - 1)g_z \tag{5.117}$$

であり，(5.108)，(5.109)，(5.114)に注意すると

$$g_D = \frac{1-\sigma}{\gamma} g_Y \tag{5.118}$$

となることがわかる。

5.6 補論2：成長促進的な政策が汚染量に与える影響

ここでは，D^p と D^d との関係について考察する。まず，次の関係に注意しよう。

$$\tau L = \frac{1}{\varepsilon} g_n^* w \psi. \tag{5.119}$$

左辺は，R&Dに対する助成の財源として徴収される税金の総額である。右辺は，R&D部門への総報酬（R&D部門への労働投入量と賃金率との積）に対して助成率，ψ が掛けられている。この関係を用いると，結局次の関係が成立する。

$$\hat{\tau}^* = \frac{1}{\alpha}(1-\alpha)(1-\xi)\frac{g_Y^* + \rho}{g_n^* + \rho}\frac{g_n^{*2}}{\rho}. \tag{5.120}$$

ただし，$\hat{\tau}^* \equiv \frac{\tau^* L}{K}$ であり，τ^* は最適な助成率，ψ^* に付随する τ の値である。

このことに注意すると，$D^p > D^d$ は以下の関係と同値であることがわかる。

$$(1-\alpha)(1-\xi)g_Y^* + \rho > (1-\alpha)g_Y^* + \rho - (1-\alpha)(1-\xi)\frac{g_Y^* + \rho}{g_n^* + \rho}\frac{g_n^{*2}}{\rho}. \tag{5.121}$$

これを整理すると，結局(5.121)は次のようになる。

$$\frac{1-\xi}{\xi}g_n^{*2} > \rho^2. \tag{5.122}$$

したがって，社会的に最適な成長率が高いときほど，成長促進的な政策は環境水準を悪化させる傾向があるといえる。

第6章

ネオ・シュンペータリアン・モデルにおける環境の外部性

6.1 はじめに

　第5章では，バラエティー拡大型のR＆Dに対して環境の外部性が組み込まれた。あるいは，第4章では外生的なものとして定式化されていた技術進歩が，プロダクト・イノベーションとして設定されたものともみなせる。環境の外部性を伴う成長モデルにおける技術進歩をプロセス・イノベーションと関連づけることも行わなければならないであろう。本章では，第3章で分析された品質上昇モデル（ネオ・シュンペータリアン・モデル）に対して汚染の外部性が組み込まれる。このことを考えると，第2章と第5章との関係は，第3章と本章の関係と類似したものとなっている。第2章と第3章が補完的な役割をなしていたように，本章のモデルは第5章のモデルと補完的な役割を果たす。

　イノベーションに関する定式化の違いを除けば，本章の設定は第5章におけるそれと類似している。消費者の厚生水準は，消費水準だけでなく，環境水準にも依存する。最終財の生産の際には，必ず汚染が排出される。イノベーションは研究部門に資源を投入することによって生じ，イノベーションによって，中間財がより効率的に利用できることになる。第2章と第3章の結論が類似していたように，経済成長率と環境汚染との動態的な関連性や最適な経済政策・環境政策などの主要な結論は，第5章において導出されたものと類似している。

　本章は以下のように構成されている。2節では，Stokeyモデルに対して

環境の外部性を組み込み，3節では Gradus=Smulders モデルにおける環境の外部性を組み込む。それぞれの節において環境汚染が成長率に与える影響や最適な政府政策について検討する。最後に4節では本章の結論をまとめる。

6.2 環境汚染の外部性を伴う品質上昇モデル

6.2.1 モデルの設定

本節では，第3章で導入されたモデルに対して環境汚染の外部性が組み入れられる。そして長期的な経済成長と環境水準との関連について検討する。生産関数を次のように設定する。

$$Y(t) = AK(t)^\alpha Q(t)^{1-\alpha} z(t). \tag{6.1}$$

ただし，$Y(t)$, $K(t)$, A, α はそれぞれ最終財の産出量，資本ストック量，生産性のパラメータ，弾力性を表すパラメータである。$z(t)$($z(t) \in [0,1]$) は本章においても汚染に対する規制水準，あるいは省エネの測度を表す。$Q(t)$ は中間財の指標であるが，本章では第3章の品質上昇モデルの定式化にしたがうことにする。すなわち以下のように設定する。

$$\log Q(t) = \int_0^1 \left[\log \sum_m \lambda^m x_{im}(t) \right] di. \tag{6.2}$$

ただし，λ^m, $x_{im}(t)$ はそれぞれ第 i 製品ラインにおける第 m 世代の製品の品質，投入量である。第3章で検討されたモデル同様，すべての製品ラインにおいて，各製品は同じ製品ラインにおける1世代前の製品よりも λ 倍優れている。また0時点における最先端製品の品質を1とする。代表的個人の目的関数は第4章，第5章と同様に

$$U = \int_0^\infty e^{-\rho t} \left[\frac{c(t)^{1-\sigma} - 1}{1 - \sigma} - BD(t)^\gamma \right] dt \tag{6.3}$$

とする。ここで，ρ は主観的割引率，$c(t)$ は一人当たりの消費量，σ は消費部門における異時点間の代替の弾力性の逆数，$B(B>0)$, $\gamma(\gamma>1)$ は汚染に

対してどれほど不効用を感じるかを表すパラメータである。$D(t)$ は汚染量である。汚染の排出過程を表す式は次のように設定される。

$$D(t) = AK(t)^\alpha Q(t)^{1-\alpha} z(t)^\beta. \tag{6.4}$$

ただし，$\beta > 1$ である。これまでの類似したモデルと同様，

$$D(t) = Y(t) z(t)^{\beta-1} \tag{6.5}$$

となっている。

　研究部門，製造部門における定式化はすべて第3章における設定と同じである。このようなモデルにおける最適な成長率，および汚染水準を導出することにしよう。これは，第3章と同様の手続きを用いる。まずは，労働部門において社会的計画者が直面する問題について検討する。品質や製品ラインに関係なくすべての中間財1単位には労働1単位が必要であるので，各 t において社会的計画者が採用するのは，各製品ラインにおける最先端製品だけである。[0,1] 上に分布する各最先端製品の投入量を $x_i(t)(i \in [0,1])$ と書くことにする。第3章同様，すべての製品ラインにおいて等しい集約度，ι で研究活動がなされているものとする。次のような制約が成立する。

$$\frac{1}{\varepsilon} \iota(t) = L_R(t), \tag{6.6}$$

$$\int_0^1 x_i(t) di = L_x(t), \tag{6.7}$$

$$L_R(t) + L_x(t) = \bar{L}. \tag{6.8}$$

ただし，$L_R(t)$，$L_x(t)$，$\bar{L}$ はそれぞれ研究部門への労働投入量，中間財部門への労働投入量，経済全体での労働供給量である。各個人が1単位の労働力を保持しているものとする。このとき，$\bar{L}$ は総人口をも表すことになる。ε は研究部門における生産性のパラメータである。

　さらに，社会的に最適であるならば，所与の $L_x(t)$ に対して $Q(t)$ は最大化されていなければならない。このことを考慮すると，すべての製品ライン

に対して等しい量の労働が投入され，等しい量の中間財が採用されることがわかるであろう[1]。この量を $x(t)$ で表す。すなわち，すべての $i(i\in[0,1])$ に対して，

$$x_i(t)=x(t) \tag{6.9}$$

となる。$L_x(t)=\int_0^1 x_i(t)di=\int_0^1 x(t)di=x(t)$ に注意すると労働部門における資源制約として

$$\frac{1}{\varepsilon}\iota(t)+x(t)=L \tag{6.10}$$

という関係が成立する。ここで，研究の蓄積を表す式を第3章同様，$I(t)\equiv\int_0^t\iota(\tau)d\tau$ と定義すると，$\dot{I}(t)=\iota(t)$ となるので

$$\dot{I}(t)=\iota(t)=\varepsilon(L-x(t)) \tag{6.11}$$

となる。(6.11)の2番目の等号では労働部門における資源制約条件が用いられていることに注意しよう。

中間財の指標 $Q(t)$ について検討してみると，第3章の議論を繰り返すことによって $Q(t)=\lambda^{I(t)}x(t)$ となっていることがわかる。したがって，資本の蓄積方程式は次のようになる。

$$\dot{K}=AK(t)^\alpha(\lambda^{I(t)}x(t))^{1-\alpha}z(t)-c(t)L. \tag{6.12}$$

社会的計画者の問題は(6.11), (6.12)および $K(t)$, $I(t)$ の初期値 K_0, I_0 を所与として(6.3)を最大にするものとなる。この問題におけるカレント・バリュー・ハミルトニアンは以下のように設定される。

$$\mathscr{H}=\frac{c^{1-\sigma}-1}{1-\sigma}-B(AK^\alpha(\lambda^I x)^{1-\alpha}z^\beta)^\gamma+\mu_1(AK^\alpha(\lambda^I x)^{1-\alpha}z-cL)+\mu_2(\varepsilon(L-x)). \tag{6.13}$$

ただし，μ_1 と μ_2 はそれぞれ K と I に対するシャドー・プライスである。最

---

[1] この帰結は第3章でなされた議論を繰り返すことによってもたらされる。

大化のための条件として以下の関係が成立する。

$$\frac{\partial \mathcal{H}}{\partial c}=0 \Rightarrow c(t)^{-\sigma}=\mu_1(t)L, \tag{6.14}$$

$$\frac{\partial \mathcal{H}}{\partial z}\geq 0 \Rightarrow z(t)=\begin{cases}1 & (\tilde{z}(t)\geq 1 \text{ のとき}),\\ \tilde{z}(t)^{\frac{1}{\beta\gamma-1}} & (\tilde{z}(t)<1 \text{ のとき}),\end{cases} \tag{6.15}$$

$$\frac{\partial \mathcal{H}}{\partial x}=0 \Rightarrow x(t)=\begin{cases}(1-\alpha)(1-\frac{1}{\beta\tilde{z}(t)})\frac{Y(t)\mu_1(t)}{\varepsilon\mu_2(t)} & (z(t)=1 \text{ のとき}),\\ (1-\alpha)(\frac{\beta-1}{\beta})\frac{Y(t)\mu_1(t)}{\varepsilon\mu_2(t)} & (z(t)<1 \text{ のとき}),\end{cases} \tag{6.16}$$

$$\dot{\mu}_1-\rho\mu_1=-\frac{\partial \mathcal{H}}{\partial K} \Rightarrow -\frac{\dot{\mu}_1(t)}{\mu_1(t)}=\begin{cases}\alpha[1-\frac{1}{\beta\tilde{z}(t)}]\frac{Y(t)}{K(t)}-\rho & (z(t)=1 \text{ のとき}),\\ \alpha(\frac{\beta-1}{\beta})\frac{Y(t)}{K(t)}-\rho & (z(t)<1 \text{ のとき}),\end{cases} \tag{6.17}$$

$$\dot{\mu}_2-\rho\mu_2=-\frac{\partial \mathcal{H}}{\partial I} \Rightarrow$$

$$\frac{\dot{\mu}_2(t)}{\mu_2(t)}=\begin{cases}\rho-(1-\alpha)\log\lambda[1-\frac{1}{\beta\tilde{z}(t)}]\frac{Y(t)\mu_1(t)}{\mu_2(t)} & (z(t)=1 \text{ のとき}),\\ \rho-(1-\alpha)\log\lambda(\frac{\beta-1}{\beta})\frac{Y(t)\mu_1(t)}{\mu_2(t)} & (z(t)<1 \text{ のとき}).\end{cases} \tag{6.18}$$

ただし，$\tilde{z}(t) \equiv \frac{\mu_1(t)}{B\beta\gamma}(AK(t)^\alpha \lambda^{(1-\alpha)I(t)} x(t)^{1-\alpha})^{1-\gamma}$ である。横断性条件によって以下の関係が成立する。

$$\lim_{t\to\infty} e^{-\rho t}\mu_1(t)K(t)=0, \tag{6.19}$$

$$\lim_{t\to\infty} e^{-\rho t}\mu_2(t)I(t)=0. \tag{6.20}$$

　ここで，定常状態の成長率を求めることにしよう。定常状態では $Y(t)$，$C(t)$，$K(t)$ は一定の率で成長することになる[2]。この率は以下のようにな

---

2) これは，第3章や第5章と同様の手法によって示すことができる。(6.14)より，$-\sigma\frac{\dot{c}(t)}{c(t)}=\frac{\dot{\mu}_1(t)}{\mu_1(t)}$ となるので，定常態において $\frac{\dot{\mu}_1(t)}{\mu_1(t)}$ は一定となる。したがって，(6.17)より $\frac{Y(t)}{K(t)}$ が一定となる。すなわち，$g_Y=g_K$ である。経済全体での資源制約は
$$\dot{K}(t)=Y(t)-C(t)$$
である。この式の両辺を $K(t)$ で割ると，$g_K=\frac{Y(t)}{K(t)}-\frac{C(t)}{K(t)}$ という関係が成立するので，$\frac{C(t)}{K(t)}$ は一定となる。すなわち $g_C=g_K$ となる。

る。

$$g_Y^* = [\sigma + \Gamma(\sigma + \gamma - 1)]^{-1}[(\log\lambda)\varepsilon L - \rho]. \qquad (6.21)$$

ただし,$\Gamma \equiv \frac{1}{\gamma(1-\alpha)(\beta-1)}$ である[3]。ここで,第3章において分析された汚染の外部性が存在しない場合の社会的に最適な成長率との比較も行ってみよう。第3章における社会的に最適な成長率は

$$\frac{1}{\sigma}[(\log\lambda)\varepsilon L - \rho]$$

であった。本章においても長期的にプラスの成長率が保証される条件は$(\log\lambda)\varepsilon L - \rho > 0$で与えられる。この条件は第3章のそれとまったく同じである。しかしながら成長率は本章のケースの方が低くなっている。これは厚生水準に対する汚染に対する規制が行われたからである。

次に汚染の動学的な挙動に焦点を当てることにしよう。まず経済が初期の段階で比較的貧しい,すなわち$K(0)$が比較的低い値を取っているものとする。そのときには,$Y(0)$, $c(0)$も十分に低い値を取り,$z(0)=1$となる。そして,しばらくの間,$z(t)$は1をとりつづける。このとき,$K(t)$, $Y(t)$, $c(t)$,そして$D(t)$もまた通時的に上昇する。しかしながら$\mu_1(t)$は絶えず減少し,$K(t)$, $I(t)$は絶えず上昇しているので,最終的に$z(t)$は1より小さくなり,その後$z(t)$は通時的に減少する。これによって汚染もまた減少する傾向がある。定常状態における汚染の変化率は以下のようになる。

$$g_D^* = \frac{1-\sigma}{\gamma} g_Y^*. \qquad (6.22)$$

したがって,$\sigma > 1$のとき,かつそのときに限り長期的に汚染は減少することになる。この帰結は,第4章,第5章におけるものと同様である。すなわち,品質の上昇という形でイノベーションが生じたとしても$\sigma > 1$のとき,かつそのときに限り環境クズネッツ曲線が導出されることになるのである。

---

3) 成長率の導出については補論を参照せよ。

6.2.2 汚染税が存在するケース

本項では，環境汚染を伴うネオ・シュンペータリアン・モデルにおける分権経済を検討する。主要な特徴は，R＆Dが企業家の私的インセンティブによってなされるということと政府が最終財企業から排出される汚染に対して税を課すということである[4]。

まずは最終財部門から検討する。多くの小企業が競争的な市場で同質の最終財を同一の生産技術のもとで生産しているものとする。最終財の市場は競争的である。生産関数(6.1)と汚染の排出過程を表す式(6.4)を組み合わせ，産業レベルにまとめると以下のようになる。

$$Y(t) = A^{\frac{\beta-1}{\beta}} K(t)^{\alpha\frac{\beta-1}{\beta}} Q(t)^{\frac{\beta-1}{\beta}(1-\alpha)} D(t)^{\frac{1}{\beta}}. \tag{6.23}$$

ここでも汚染が実質的に生産要素となっていること，および $z(t) \in [0,1]$ であるので $D(t) \leq Y(t)$ という制約があることに注意しよう。

最終財を生産する企業は各期において利子率 $r(t)$，各中間財の価格 $p_{im}(t)$，そして税率 $\tau(t)$ を所与として利潤の最大化を行う。第3章と同様の議論によって，最終財企業が購入する中間財は各製品ラインにおいて品質調整済みの価格が最小のものであることがわかる。最小の品質調整済みの価格をもつ製品の世代を $\tilde{m}$ で表すことにする。利潤関数は次のようになる。

$$\Pi(t) = A^{\frac{\beta-1}{\beta}} K(t)^{\alpha\frac{\beta-1}{\beta}} Q(t)^{\frac{\beta-1}{\beta}(1-\alpha)} D(t)^{\frac{1}{\beta}} - r(t)K(t) - \int_0^1 p_{i\tilde{m}}(t) x_{i\tilde{m}}(t) di - \tau(t) D(t). \tag{6.24}$$

利潤最大化によって，以下の関係が成立する。

$$r(t) \geq \alpha \frac{\beta-1}{\beta} \frac{Y(t)}{K(t)}, \tag{6.25}$$

---

[4] このほかにも政府が採用可能な政策手段として排出許可証を企業に配分することや，汚染に対して直接規制を行うことがあげられる。排出許可証を企業に配分することは汚染に対して税を課すことと実質的には同じであり，直接規制では社会的に最適な状態を達成することができない。第4章における議論を参照せよ。

$$x_{im}(t) = \begin{cases} \frac{E_x(t)}{p_{im}(t)} & (m=\tilde{m} \text{のとき}), \\ 0 & (m \neq \tilde{m} \text{のとき}), \end{cases} \quad (6.26)$$

$$\tau(t) \leq \frac{1}{\beta} \frac{Y(t)}{D(t)}. \quad (6.27)$$

ただし，$E_x(t)$ は中間財の購入に当てられる総額である。

次に中間財部門について検討することにしよう。汚染の外部性があっても基本的な帰結は第3章でもたらされたものと類似している。[0,1] の範囲に存在しているすべての最先端企業は，同じ製品ラインにおける2番手の企業とのベルトラン競争に勝つために $\lambda w(t)$ という価格を設定する[5]。その結果，すべての製品ライン $i(i \in [0,1])$ において販売される中間財の量，企業が得られる利潤は等しくなる。このときの各製品ラインに共通の中間財の量，および利潤を $x(t)$，$\pi(t)$ と書くことにする。各企業は中間財を最終財企業に販売し以下のような利潤を得る。

$$\pi_i(t) = \pi(t) = (\lambda - 1) w(t) x(t). \quad (6.28)$$

次にR＆D部門について検討することにしよう。各企業の株式企業価値，非利ザヤ条件，および自由参入条件は，第3章における議論を繰り返すことによって再び

$$v(t) = \int_t^\infty e^{-\int_t^{t'} [r(\eta) + \iota(\eta)] d\eta} \pi(t') dt', \quad (6.29)$$

$$r(t) v(t) = \pi(t) + \dot{v}(t) - \iota(t) v(t), \quad (6.30)$$

$$v(t) \leq \frac{1}{\varepsilon} w(t) \quad (6.31)$$

となることがわかる。ただし，$\iota > 0$ である場合には (6.31) は常に等号で成立する。

次に家計の行動について規定しよう。代表的家計の目的関数は再び (6.3)

---

[5] 本章においても品質で調整された価格が等しい場合には最終財企業はより高品質な品質をもった製品を購入するものと仮定する。

である。家計は各期において労働を提供し賃金を受け取る。また資産に対する配当と政府からの助成金を受け取る。そして，利子率 $r(t)$，賃金率 $w(t)$，政府からの助成金 $\hat{\tau}(t)$[6] の経路を所与として(6.3)を最大にするように消費と貯蓄に関する意思決定を行う。家計の資産の蓄積方程式として次の関係が成立する。

$$\dot{a}(t) = r(t)a(t) + w(t) + \hat{\tau}(t) - c(t). \tag{6.32}$$

ただし，$a(t)$ は一人当たりの資産であり，$a(0) = a_0$ は所与である。カレント・バリュー・ハミルトニアンは次のように設定される。

$$\mathscr{H} = \frac{c^{1-\sigma} - 1}{1 - \sigma} - BD(t)^{\gamma} + \nu(r(t)a + w(t) + \hat{\tau}(t) - c). \tag{6.33}$$

ただし，ν は所得のシャドー・プライスである。最大化のための条件として以下の関係が成立する。

$$\frac{\partial \mathscr{H}}{\partial c} = 0 \Rightarrow c(t)^{-\sigma} = \nu(t), \tag{6.34}$$

$$\dot{\nu} - \rho\nu = -\frac{\partial \mathscr{H}}{\partial a} \Rightarrow \dot{\nu}(t) - \rho\nu(t) = -r(t)\nu(t). \tag{6.35}$$

横断性条件は

$$\lim_{t \to \infty} e^{-\rho t} \nu(t) a(t) = 0 \tag{6.36}$$

である。消費の成長率は次のようになる。

$$g_{c(t)} \equiv g_{C(t)} = \frac{1}{\sigma}(r(t) - \rho). \tag{6.37}$$

6.2.3 汚染の動学的挙動と持続可能な成長

ここでも定常状態に焦点を当てることにする。政府は(6.22)を満足させるような率で汚染税を課すことにしよう。第5章同様，社会的に最適な Y と

---

[6] ここで，$\hat{\tau}(t) \equiv \frac{\tau D(t)}{L}$ である。すなわち，汚染税からの税収が家計に一括して分配されるのである。

D の関係をみたすように政府は税率を決定するものとする。g_Y と ι の関係もまた以前と同様になる[7]。成長率を導出することにしよう。労働市場均衡条件は

$$\frac{1}{\varepsilon}\iota + x = L \tag{6.38}$$

である。非利ザヤ条件は以下のようになる。

$$\frac{\pi}{v} + \frac{\dot{v}}{v} = r + \iota. \tag{6.39}$$

ここで，$\frac{\pi}{v} = \frac{(\lambda-1)wx}{v} = (\lambda-1)\varepsilon x$, $\frac{\dot{v}}{v} = g_Y$, $r = \sigma g_Y + \rho$ に注意すると，非利ザヤ条件を次のように変形することができる。

$$(\lambda-1)\varepsilon x = (\sigma-1)g_Y + \iota + \rho. \tag{6.40}$$

(6.103), (6.38), (6.40) を用いて定常状態における成長率を求めると次のようになる。

$$g_Y^d = \left[\sigma - 1 + \frac{\lambda}{\log\lambda}(1 + \Gamma(\sigma+\gamma-1))\right]^{-1}[(\lambda-1)\varepsilon L - \rho]. \tag{6.41}$$

市場経済における成長率は社会的に最適なものと比較して高くなっても低くなってもよい。第3章の汚染の外部性が存在しないモデルの分権経済での成長率との比較も行ってみよう。(6.41) の分母は常に正であるので，本章においても分権経済で長期的にプラスの成長率が保証される条件は

$$(\lambda-1)\varepsilon L - \rho > 0$$

で与えられる。この条件は第3章のそれとまったく同じであることに注意しよう。しかしながら第3章の市場経済で求められた成長率は

$$\left[\sigma - 1 + \frac{\lambda}{\log\lambda}\right]^{-1}[(\lambda-1)\varepsilon L - \rho]$$

であったので，本章のケースの方が成長率は低くなる。これは汚染の外部性

---

7) この関係は前項において社会的に最適な成長率を導出したときに求められたものであり，補論の (6.103) で与えられる。

が存在するため，汚染を抑制する必要があるからである．

6.2.4 ポリシー・ミックス

本項では，R＆D部門において生じた歪みを是正するような産業政策を検討する．ここでのモデルでは，既に汚染税という形で政府が介入していたことに注意しよう．環境を伴うモデルにおいては，環境汚染という負の外部性と研究部門における正の外部性という2つの外部性が存在している．したがって，市場の歪みを是正するためには，2つの政策のポリシー・ミックスが必要となるのである．

政府が研究費用の一定割合, ψ を負担するような状況を考えることにしよう．そのような政策が施行されると，非利ザヤ条件は次のようになる．

$$\frac{(\lambda-1)\varepsilon x}{1-\psi} = \iota + (\sigma-1)g_Y + \rho. \qquad (6.42)$$

ι と g_Y の関係および，労働市場均衡条件は以前と同じである．このことを考慮すると，g_Y^* を達成するための最適助成率，ψ^* は

$$\psi^* = \frac{\sigma - 1 + \frac{\lambda}{\log \lambda}[1 + \Gamma(\sigma + \gamma - 1)]}{(\sigma-1)g_Y^* + \iota^* + \rho}(g_Y^* - g_Y^d) \qquad (6.43)$$

となる．$g_Y^* > g_Y^d$ である場合には，政府はR＆D部門に助成を行う（$\psi^* > 0$）．逆に，$g_Y^* < g_Y^d$ である場合には，政府はR＆D部門に課税を行う（$\psi^* < 0$）．このような政策と汚染に対する課税政策とを合わせるようなポリシー・ミックスによって経済成長率，および汚染の変化率はともに社会的に最適なものとなる[8]．

6.3 Gradus＝Smulders モデルと創造的破壊

本節では環境保護への投資を伴うようなモデルを導入する．イノベーションに関する基本的な性質は前節とまったく同様である．本節においては，ま

---

[8] 中間財への助成は第3章と同様の議論を繰り返すことによって，成長率には何ら影響を与えないということも指摘しておく．

ず市場経済を分析し，その後社会的最適状態や最適な政府政策を検討する。以下では特に断りがない限り，各変数はすべて前節と同じものを表すことにする。

6.3.1　Gradus＝Smulders モデルの基本的な設定

まずは最終財部門から規定していこう。最終財における生産関数を次のように設定する。

$$Y(t)=AK(t)^{\alpha}Q(t)^{1-\alpha}. \tag{6.44}$$

中間財の指標$Q(t)$は再び(6.2)で与えられる。最終財企業の利潤最大化の結果，以下の関係が成立する。

$$r(t)=A\alpha K(t)^{\alpha-1}Q(t)^{1-\alpha}, \tag{6.45}$$

$$x_{im}(t)=\begin{cases} \frac{E_x(t)}{p_{im}(t)} & (m=\hat{m}のとき), \\ 0 & (m\neq\hat{m}のとき). \end{cases} \tag{6.46}$$

研究部門，中間財部門においては第3章および前節と同様の設定を行う。その結果，価格付け式は再び，$\lambda w(t)$となり，非利ザヤ条件，自由参入条件として，再び(6.30)，(6.31)が成立する。

家計部門は，各期において R＆D 部門，もしくは中間財製造部門に労働を提供し，賃金を受け取る。そして，資産に対して利子を受け取る。一方で財の消費を行い，環境保全活動（排出物除去活動）に対して資金を提供する。前節のモデルにおいては政府からの助成金が存在したが本節のモデルではそのようなものが存在しないことに注意しよう。家計は賃金率，利子率を所与として，自らの効用を最大にするような消費量，環境保護への投資量，および貯蓄額を決定する。代表的家計の目的関数は，第5章の環境保護への投資を伴うモデルと同様，以下のように設定される。

$$U=\int_0^{\infty}e^{-\rho t}(\log c(t)-BD(t))dt. \tag{6.47}$$

汚染量，$D(t)$を次のように特定化する。

$$D(t)=\beta\frac{K(t)}{M(t)}. \tag{6.48}$$

ただし，$M(t)$ は環境保全活動（排出物除去活動）に使用される総額である。$\beta(\beta>0)$ はパラメータである。家計の資産の蓄積方程式として，以下の関係が成立する。

$$\dot{a}(t)=r(t)a(t)+w(t)-c(t)-m(t). \tag{6.49}$$

ただし，$m(t)$ は一人当たりの環境保全活動（排出物除去活動）への投資額である。また，$a(0)=a_0$ は所与である。

カレント・バリュー・ハミルトニアンは，以下のように設定される[9]。

$$\mathscr{H}=\log c-B\beta\frac{K(t)}{mL}+\nu(r(t)f+w(t)-c-m). \tag{6.50}$$

ただし，ν は資産のシャドー・プライスである。最大化のための条件として，次の関係が成立する。

$$\frac{\partial \mathscr{H}}{\partial c}=0 \Rightarrow \frac{1}{c(t)}=\nu(t), \tag{6.51}$$

$$\frac{\partial \mathscr{H}}{\partial m}=0 \Rightarrow B\beta K(t)L^{-1}m(t)^{-2}=\nu(t), \tag{6.52}$$

$$\dot{\nu}-\rho\nu=-\frac{\partial \mathscr{H}}{\partial a} \Rightarrow \dot{\nu}(t)-\rho\nu(t)=-r(t)\nu(t). \tag{6.53}$$

横断性条件は

$$\lim_{t\to\infty}e^{-\rho t}\nu(t)a(t)=0 \tag{6.54}$$

となる。消費の成長率は次のようになる。

$$g_{c(t)}=r(t)-\rho. \tag{6.55}$$

---

9) 本節においても $M=mL$ を仮定する。

6.3.2 長期均衡

以下の部分では,前節における均衡条件がみたされ,かつ各変数が同一とは限らないが一定の率で成長していくような定常状態に議論を集中する。以下では記号の簡略化のために (t) を省略する(ただし,必要に応じてつけることもある)。まず,以下の関係が成立していることに注意しよう。

$$g_C = g_c = \alpha\hat{y} - \rho, \tag{6.56}$$

$$g_K = \hat{y} - \hat{c} - \hat{m}, \tag{6.57}$$

$$\hat{c} = \frac{1}{B\beta}\hat{m}^2. \tag{6.58}$$

ただし,$\hat{y} \equiv \frac{Y}{K}$, $\hat{c} \equiv \frac{C}{K}$, $\hat{m} \equiv \frac{M}{K}$ である。上の3つの関係,および g_C, g_K が一定であるという事実を用いると,$\hat{y}$, $\hat{c}$, $\hat{m}$ はすべて定数となることがわかる。定常状態では Y, C, M, K がそれぞれ等しい率で成長することになる。汚染量は $\beta\frac{K}{M}$ であるので,これも長期的には一定となる。

生産関数より次の関係を導出することができる。

$$g_Y = g_Q = \iota\log\lambda. \tag{6.59}$$

$p = \lambda w$, $\varepsilon v = w$ に注意すると,

$$g_Y = g_v = g_w = g_p \tag{6.60}$$

となる。

ここで,定常状態における成長率を導出することにしよう。労働市場均衡条件は再び(6.38)である。ここで,$\frac{\pi}{v} = \frac{(\lambda-1)wx}{v} = (\lambda-1)\varepsilon x$, $\frac{\dot{v}}{v} = g_Y$, $r = g_Y + \rho$ に注意すると非利ザヤ条件(6.40)は再び次のように変形できる。

$$(\lambda-1)\varepsilon x = \iota + \rho. \tag{6.61}$$

ここで,(6.59),(6.38),(6.61)を用いて定常状態における成長率を求めると次のようになる。

$$g_Y^d = \frac{\log\lambda}{\lambda}[(\lambda-1)\varepsilon L - \rho]. \tag{6.62}$$

ただし，g_Y^d は定常状態における資本，消費，産出量等の共通の成長率である。この成長率は第3章で求められたものと同じである。ただし，本項では $\sigma=1$ という特殊ケースで分析を行っているので，第3章で求められた分権経済における成長率の値に $\sigma=1$ を代入したものが(6.62)である。第3章の環境汚染の外部性が存在しない場合との相違点は，成長率ではなくむしろ各期における消費，産出量の水準である。すなわち，環境保護への投資が存在するために各期において消費や資本蓄積に用いられる額は第3章のケースと比較すると低くなるのである。R＆D部門における生産性が高いほど（ε が大きいほど），1回のイノベーションにおいて生じる品質上昇の幅が大きいほど（λ が大きいほど），経済の規模が大きいほど（L が大きいほど），そして，家計が忍耐強いほど（ρ が小さいほど），長期的な成長率は高くなる。本項のモデルにおいては，環境の外部性が入ったのにもかかわらず，最終財生産における資本の比率（α），汚染に対する不効用の程度を表すパラメータ（B），汚染の排出過程を表すパラメータ（β）が長期的な成長率に対して何ら影響を及ぼさない。この帰結は第5章の環境保護への投資を伴うモデルとまったく同じである。

次に汚染量について焦点を当てることにしよう。(6.56)，(6.57)，(6.58)，および定常状態においては K と C が同じ率で成長するという事実を用いて，定常状態における $\hat{m}$ の値を $\hat{m}^d$ で表すと次のようになる。

$$\hat{m}^d = \frac{B\beta[-\alpha+\sqrt{\alpha^2+\frac{4\alpha}{B\beta}((1-\alpha)g_Y^d+\rho)}]}{2\alpha}. \tag{6.63}$$

したがって，定常状態における汚染量（D^d）は次のように表される。

$$D^d = \frac{2\alpha}{B[-\alpha+\sqrt{\alpha^2+\frac{4\alpha}{B\beta}((1-\alpha)g_Y^d+\rho)}]}. \tag{6.64}$$

汚染量を表す式によってもたらされる結論は，再び第5章の環境保護への投資を伴うモデルと類似したものとなる。定常状態における成長率が高いほど（g_Y が大きいほど，すなわち，ε，L，λ が大きいほど，そして ρ が小さい

ほど),最終財生産における資本の比率が低いほど(αが小さいほど),汚染に対する不効用の程度が大きいほど(Bが大きいほど),汚染量がより小さくなる傾向にあるときほど(βが小さいほど),汚染水準が低くなることに注意することにしよう。g_Y^d,D^d,αの関係をみると,本節のモデルにおいても排出量を抑えつつ成長率を維持するためには,汚染排出型の産業からそうでない産業への産業構造の転換の必要性を主張することができるのである。

6.3.3 社会的な厚生

本項では社会的計画者の問題を考察することにしよう。社会的計画者の問題は,目的関数(6.47)を(6.6)-(6.8)および以下の制約のもとで最大にすることである。

$$\dot{K} = Y - C - M, \tag{6.65}$$

$$\dot{I} = \iota. \tag{6.66}$$

ただし,$K(0)=K_0$,$I(0)=I_0$ は所与である。前節と同様の議論を繰り返すことによって,すべての製品ラインにおいて用いられる製品は等しいことがわかる。したがって,(6.6)-(6.8),(6.66)をまとめると結局

$$\dot{I} = \iota = \varepsilon(L - x) \tag{6.67}$$

となる。カレント・バリュー・ハミルトニアンは次のように設定される。

$$\mathscr{H} = \log c - B\beta \frac{K}{M} + \mu_1(AK^\alpha(\lambda^I x)^{1-\alpha} - cL - M) + \mu_2(\varepsilon(L-x)). \tag{6.68}$$

ただし,μ_1,μ_2 はそれぞれ資本と研究の集約度に関するシャドー・プライスである。また,各中間財がそれぞれ等しい量だけ用いられていることに注意しよう。最大化のための条件として次の関係が成立する。

$$\frac{\partial \mathscr{H}}{\partial c} = 0 \Rightarrow \frac{1}{C} = \mu_1, \tag{6.69}$$

$$\frac{\partial \mathscr{H}}{\partial M}=0 \Rightarrow B\beta KM^{-2}=\mu_1, \tag{6.70}$$

$$\frac{\partial \mathscr{H}}{\partial x}=0 \Rightarrow \mu_1(1-\alpha)\frac{Y}{x}-\mu_2\varepsilon=0, \tag{6.71}$$

$$\dot{\mu}_1-\rho\mu_1=-\frac{\partial \mathscr{H}}{\partial K} \Rightarrow \dot{\mu}_1-\rho\mu_1=B\beta M^{-1}-\mu_1\alpha\frac{Y}{K}, \tag{6.72}$$

$$\dot{\mu}_2-\rho\mu_2=-\frac{\partial \mathscr{H}}{\partial I} \Rightarrow \dot{\mu}_2-\rho\mu_2=-\mu_2(1-\alpha)Y\mu_1\log\lambda. \tag{6.73}$$

横断性条件は

$$\lim_{t\to\infty}e^{-\rho t}\mu_1 K=0, \tag{6.74}$$

$$\lim_{t\to\infty}e^{-\rho t}\mu_2 I=0 \tag{6.75}$$

である。(6.69), (6.70), (6.72) より, 一人当たりの消費の成長率は次のように与えられる。

$$g_c=\alpha\frac{Y}{K}-\frac{M}{K}-\rho. \tag{6.76}$$

本項でも定常状態に焦点を集中することにしよう。次の関係が成立している。

$$g_c=g_c=\alpha\hat{y}-\hat{m}-\rho, \tag{6.77}$$

$$g_K=\hat{y}-\hat{c}-\hat{m}, \tag{6.78}$$

$$\hat{c}=\frac{1}{B\beta}\hat{m}^2. \tag{6.79}$$

ただし, $\hat{y}\equiv\frac{Y}{K}$, $\hat{c}\equiv\frac{C}{K}$, $\hat{m}\equiv\frac{M}{K}$ である。前項と同様の議論を繰り返すことによって, Y, K, C, M は同じ率で成長することがわかる。また, (6.71) を変形すると, $\frac{(1-\alpha)}{x\varepsilon}=\frac{\mu_2}{\mu_1 Y}$ となるので, 定常状態において μ_2 は一定となることがわかる。これらの事実を用いると次の関係が成立する。

$$g_Y^* = [(\log\lambda)\varepsilon L - \rho]. \tag{6.80}$$

ただし，g_Y^* は社会的に最適な定常状態における Y，C，K 共通の成長率である。これまでと同様に，この成長率は分権経済におけるそれと比較して高くなっても低くなってもよい。また第3章における社会的に最適な成長率に $\sigma=1$ を代入したものである。

汚染量に焦点を当てることにしよう。定常状態における汚染量 (D^*) は次のようになる。

$$D^* = \frac{2\alpha}{B[(1-\alpha)+\sqrt{(1-\alpha)^2+\frac{4\alpha}{B\beta}((1-\alpha)g_Y^*+\rho)}\,]}. \tag{6.81}$$

第5章の環境保護への投資を伴うモデルとは異なり，この量が市場経済における汚染量と比較して必ずしも $D^d > D^*$ ということは言えないことに注意しよう。品質上昇モデルにおいては社会的に最適な汚染量と比較して市場経済において排出される汚染量は高くなっても低くなってもよいのである。しかしながら $g_Y^* > g_Y^d$ という場合には $D^* < D^d$ という関係が直ちに求められる。

6.3.4 市場経済のもとでの最適な政策

本節で検討したモデルにおいては，市場経済の成長率と汚染量は社会的最適な状態のものと比較していずれも乖離があった。ここでは市場経済における歪みを補正するような政策について検討する。まず，R&Dに対する助成・課税政策を考えてみることにしよう。政府がR&Dにかかる費用の一部を負担することにする。政府が負担する割合を ϕ で表すことにしよう[10]。ただし，家計の行動に対して異時点間の影響がでないように，政府は一括税を課すことによって，助成に対する財源を確保するものとする。このときR&D部門において企業が負担する賃金率は $w(1-\phi)$ へと変化するので，(R&Dがなされているもとでの) 自由参入条件は

---

10) $\phi > (<) 0$ である場合には，研究活動に対する助成（課税）となることに注意しよう。

であり,非利ザヤ条件は

$$\frac{(\lambda-1)\varepsilon x}{1-\psi}=\iota+\rho \tag{6.83}$$

となる.労働市場均衡条件がこのような政策によって,影響を受けないことは明らかである.このことを利用して社会的に最適な成長率が達成されるためのR&Dへの助成率を ψ^* で表すと

$$\psi^*=\frac{\frac{\lambda}{\log\lambda}}{\frac{1}{\log\lambda}g_Y^*+\rho}(g_Y^*-g_Y^d), \tag{6.84}$$

もしくは,

$$\psi^*=\frac{\lambda}{\iota^*+\rho}(\iota^*-\iota^d) \tag{6.85}$$

となる.第3章同様,$g_Y^*>(<)g_Y^d$ である場合には,政府は助成(課税)を行うことになる.上記のような政策がなされた場合の汚染量についても検討することにしよう.定常状態において以下の関係が成立している.

$$g_Y=\alpha\hat{y}-\rho, \tag{6.86}$$

$$g_Y=\hat{y}-\hat{c}-\hat{m}-\hat{\tau}, \tag{6.87}$$

$$\hat{c}=\frac{1}{B\beta}\hat{m}^2. \tag{6.88}$$

ただし,$\hat{\tau}\equiv\frac{\tau L}{K}$ は一括税の額[11]を資本ストック量 K で除したものである.このときの汚染量(D^p)は以下の式で与えられる.

$$D^p=\frac{2\alpha}{B[-\alpha+\sqrt{\alpha^2+\frac{4\alpha}{B\beta}((1-\alpha)g_Y^*+\rho-\alpha\hat{\tau}^*)}\,]}. \tag{6.89}$$

ただし,定常状態においては,$\hat{\tau}$ は以下のようになる.

---

11) これは一人当たりの(R&Dへの助成への財源としての)一括税の額(τ)と人口 L を掛けたものである.

$$\hat{\tau}=\frac{1-\alpha}{\alpha}\frac{g_Y^*+\rho}{\iota^*+\rho}\frac{\iota^*}{\varepsilon L-\iota^*}(\iota^*-\iota^d).$$

ここで成長促進的な政策が汚染水準に及ぼす相反する効果があることに注意しよう。このような政策によって，成長率が社会的に最適なものとなるため，汚染水準は影響も受ける。この影響は D^p の分母の $\frac{4\alpha}{B\beta}(1-\alpha)$ にかけられている項が g_Y^d から g_Y^* に変化したことによって表されている。他方では，家計は税金を徴収される，あるいは政府から助成を受けるので，環境保全活動に用いる額 m を変化させることになる。この影響は，新たに分母に現れた $\alpha\hat{\tau}$ という項によって示されている。この2つの影響は常に相反するものであり，どちらの効果が大きいかによって，汚染量 D^p と市場経済における汚染量 D^d との大小関係が決定されることになる。本節のモデルにおいて $D^p > D^d$ となるための必要十分条件は次のようになる。

$$(g_Y^*-g_Y^d)\Big[(\log\lambda+1)g_Y^{*2}+((\rho-\varepsilon L)(\log\lambda)^2+\rho)g_Y^*-\varepsilon L\rho(\log\lambda)^3\Big]>0. \quad (6.90)$$

$g_Y^* > (<) g_Y^d$ である場合には，社会的に最適な成長率が高い（低い）ときほどこの不等式は成立しやすくなることに注意せよ。

一般的には，成長促進的な政策手段だけでは社会的に最適な汚染水準状態を達成できない。したがって，ここでは成長促進的な手段に加えて汚染を削減するような政策もまた採用されなければならない。第5章同様，上記のようなR＆Dへの助成政策に加えて政府は環境保全活動もまた行うことにしよう。政府は，環境保全のための資金を一括税で調達し[12]それをすべて環境保全のための資金として使用することにしよう。このとき，汚染の排出過程を表す関数を次のように定式化し直すことにする。

$$D=\frac{K}{M+\Delta}. \quad (6.91)$$

ただし，Δ は政府が環境保全のために投入する額である。

このときのカレント・バリュー・ハミルトニアンは次のようになる。

---

12) 第5章同様「環境保全税」と呼ぶことにする。

$$\mathscr{H}=\log c - B\beta\frac{K(t)}{(m+\delta(t))L}+\nu_1(r(t)a+w(t)-c-m-\tau(t)^*-\delta(t)). \quad (6.92)$$

ただし，ν_1 はこのケースにおける資産のシャドー・プライスである。τ^* は R＆D に対する助成がなされるために課された一括税である。アスタリスクによって社会的に最適な成長率を達成するための額が課税されたことが意味されている。δ は一人当たりの環境保全税の税額である。

最大化のための条件として，次の関係が成立する。

$$\frac{\partial \mathscr{H}}{\partial c}=0 \Rightarrow \frac{1}{c}=\nu_1, \quad (6.93)$$

$$\frac{\partial \mathscr{H}}{\partial m}\leq 0 \Rightarrow B\beta KL^{-1}(m+\delta)^{-2}\leq \nu_1, \quad (6.94)$$

$$\dot{\nu}-\rho\nu=-\frac{\partial \mathscr{H}}{\partial a} \Rightarrow \dot{\nu}_1-\rho\nu_1=-r\nu_1. \quad (6.95)$$

そして横断性条件，

$$\lim_{t\to\infty}e^{-\rho t}\nu_1 a=0. \quad (6.96)$$

各家計は，税額 q が環境保全活動に用いられることを考慮に入れながら，自らの行動を決定すること，そして，(6.94) では，m, $q\geq 0$ という条件が用いられていることに注意しよう。(6.94) より次の関係が成立する。

$$m^{pp}=\begin{cases} 0 & (m^p \leq \delta), \\ m^p-\delta & (m^p > \delta). \end{cases} \quad (6.97)$$

ただし，m^p は R＆D に対する助成のみが存在する場合の家計が決定する m の値である（$m^p-\frac{\beta}{D^p}$）。m^{pp} は現在検討している状況における m の最適値である。

6.4　おわりに

本章では，技術進歩が内生的に生じるようなモデルに対して環境の外部性

が導入された。第5章でも類似のモデルが展開されたが，そこでは，イノベーションは製品の数を拡大するプロダクト・イノベーションに限定されていた。これに対して，本章のイノベーションに関する定式化は，第2章や第5章で議論したバラエティー拡大モデルではなく第3章のモデルに基づいている。すなわち，研究活動によって，製品の品質上昇，あるいはプロセス・イノベーションが生じる。第2章と第3章が補完的な役割を果たしていたように，本章は第5章のモデルと補完的な役割を果たすものである。そして，経済成長が持続可能になるための条件について検討した。

まずは，Stokey (1998) をもとにしたモデルが分析された。第4章や第5章同様，環境の外部性が存在したとしても，経済成長は持続可能となりうる。経済成長率と各パラメータとの関係は，第3章におけるものとまったく同じである。すなわち，1回のイノベーションによって生じる品質改良の幅が大きいほど，R＆D部門における生産性が高いほど，経済の規模が大きいほど，家計が忍耐強いほど，その条件はみたされやすくなる。しかしながら第5章同様，環境の外部性が存在するために，成長率は環境汚染の外部性が存在しない場合と比較してより低くなる。経済成長率と汚染との関係もまた第5章のそれと類似している。消費の異時点間の代替の弾力性が十分に小さいときには，環境クズネッツ曲線が導出される。この場合には，長期的な成長率がプラスに維持されるのにもかかわらず，汚染は減少し，持続可能な成長のための条件が満たされることになる。

その後，市場経済を分析した。まずは，汚染に対してピグー税を課すような状況を検討した。社会的に最適な成長率と比べて市場経済の成長率は高くなっても低くなってもよい。この帰結は，バラエティー拡大モデルにおいて，長期的な成長率と環境との相互関連性を検討した第5章の結果とは鋭い対照を成す。その一方，第3章で検討されたような従来の（環境の外部性を伴わない）品質上昇モデルにおける帰結と類似している。

しかしながら，いずれにしろ研究部門において外部性が生じていたために汚染に対する課税政策だけでは社会的に最適な厚生水準を達成することは不可能である。市場経済における成長率が低すぎる場合には，研究活動に対す

る資源の投入は分権経済においては過少となっている。このため，R＆D活動に対して助成を行い，研究費用を相対的に低下させることによって，企業がR＆Dを行うインセンティブを増加させることが必要となる。この帰結は第5章と同じである。市場経済における成長率が高すぎる場合には，分権経済における研究活動への資源の投入は過大となっている。このため，R＆D活動に対して課税を行い，研究費用を相対的に上昇させることによって，企業がR＆Dを行うインセンティブを低下させることが必要となる。

市場経済における経済成長率が過大になっている場合にも過小になっている場合にも，環境汚染の外部性と研究部門における外部性という2つの外部性が存在していたという事実には変わりがない。したがって，環境汚染に対する汚染税の導入とR＆Dへの助成もしくは課税というポリシー・ミックスによって社会的に最適な状態を達成しなければならないのである。

その後，環境保護に対して投資を行うようなモデルが検討された。結論の多くは，本章の前半で検討してきたものと類似している。市場経済において達成される成長率は，社会的に最適な成長率と比較して低くなっても高くなってもよい。社会的に最適な状態を達成するためには，環境政策とR＆D政策のポリシー・ミックスが必要となる。また，R＆D政策が汚染に与える影響等は第5章で検討されたGradus＝Smuldersモデルにおける帰結と類似したものになっている。

6.5 補論：成長率の導出

ここでは各変数の成長率を導出することにしよう。定常状態において，Y, K, Cはすべて等しい率で成長する。(6.14)-(6.16)より以下の関係が成立する。

$$g_Y = -\frac{1}{\sigma} g_{\mu_1}, \tag{6.98}$$

$$g_z = \frac{1}{\beta\gamma-1}g_{\mu_1} + \frac{1-\gamma}{\beta\gamma-1}[\alpha g_Y + (1-\alpha)(1-\gamma)\iota\log\lambda], \tag{6.99}$$

$$g_Y + g_{\mu_1} - g_{\mu_2} = 0 \Rightarrow (1-\sigma)g_Y = g_{\mu_2}. \tag{6.100}$$

生産関数より，$Y = AK^\alpha(\lambda^l x)^{1-\alpha}z$ であるため以下の関係が成立する．

$$(1-\alpha)g_Y = (1-\alpha)\iota\log\lambda + g_z. \tag{6.101}$$

(6.98)，(6.99)を利用して g_z を g_Y と ι で表し，(6.101)に代入し整理すると

$$\left[(1-\alpha) + \frac{\alpha(\gamma-1)+\sigma}{\beta\gamma-1}\right]g_Y = \frac{(1-\alpha)\gamma(\beta-1)}{(\beta\gamma-1)}\log\lambda\iota \tag{6.102}$$

となるので，以下の関係が成立する．

$$[1 + \Gamma(\sigma+\gamma-1)]g_Y = \iota\log\lambda. \tag{6.103}$$

ただし，$\Gamma \equiv \frac{1}{(1-\alpha)(\beta-1)\gamma}$ である．(6.100)，(6.18)より以下のようになる．

$$(\sigma-1)g_Y + \iota\log\lambda = (\log\lambda)\varepsilon L - \rho. \tag{6.104}$$

(6.103)，(6.104)より以下の関係が成立する．

$$\begin{aligned}(\log\lambda)\varepsilon L - \rho &= (\sigma-1)g_Y + [1+\Gamma(\sigma+\gamma-1)]g_Y \\ &= [\sigma + \Gamma(\sigma+\gamma-1)]g_Y.\end{aligned} \tag{6.105}$$

これより，定常状態における成長率 g_Y^* を求めることができる．

汚染の動学的挙動に関しては

$$g_D = g_Y + (\beta-1)g_z \tag{6.106}$$

であり，(6.98)，(6.99)，(6.104)に注意すると

$$g_D = \frac{1-\sigma}{\gamma}g_Y \tag{6.107}$$

となることがわかる．

第7章

人的資本と環境汚染の外部性を伴う経済成長モデル
―― 公害型汚染と環境ホルモン型汚染 ――

7.1 はじめに

　前章までの議論では，主にR＆D活動によってもたらされるイノベーションの役割について議論がなされてきた．本章では，人的資本を導入することにしよう．人的資本とは労働を生産要素の1つとみなしたものである．内生的経済成長理論において人的資本の役割はR＆D活動がもたらすイノベーションとともに経済成長を持続可能にするために重要な役割を果たしてきた．本章における人的資本の役割は，第2章から第6章のイノベーションのそれと類似している．すなわち，人的資本の蓄積により生産性が上昇することが，長期的な経済成長の原動力となるのである．人的資本が蓄積するということを具体的に述べると，高等教育等によって労働者の知的水準や健康水準が高まることや就業後の職業訓練や種々の経験等によって，より効率的に生産活動に従事することが可能となることである．経済成長理論においてこれらを扱ったモデルとしては，Uzawa (1965) や Lucas (1988) がある．
　本章では，まず2節でUzawa (1965) や Lucas (1988) によって導入された人的資本を伴うモデルを検討する．このモデル自体は環境汚染の問題を含むものではないが本章の後半部分でなされる分析の基礎となるモデルである．本章の後半部分においては，人的資本を伴う二部門成長モデルに対して環境汚染の外部性が組み込まれる．前章までとは異なり，本章では2つのタイプの汚染が導入される．
　3節では，人々の効用に対して直接的に負の影響を与えるような汚染を導

入する。これは，第4章から第6章で採用されていたものと同じ設定である。このような汚染の例としては，工業排水や，大気汚染をもたらす排気ガス等，通常我々がイメージするような排出物がある。本章ではこのようなタイプの汚染を「公害型汚染」と定義する。本章の定義にしたがえば，第4章から第6章で検討された環境汚染はすべて「公害型汚染」ということになる。したがって，本章の公害型汚染を伴うモデルと第5章，第6章のモデルを比較することによって，環境の外部性が導入された場合のR&Dモデルと人的資本のモデルにおける相違が明らかになる。

その後，4節では人々の効用に対して直接的に負の影響を与えることはないが，人的資本の蓄積に影響を与えることによって間接的に影響を与えるような排出物や化学物質を導入する。これについてはダイオキシンや内分泌攪乱化学物質（環境ホルモン）のようなものが一例としてあげられる。このような排出物は，大気汚染や水質汚濁等と比較すると人類が通常の生活を営む上で直接的に影響を感じることはあまりないかもしれない。しかしながらそれは，目には見えない形で人々の生殖機能，労働能力等に影響を与えることによって，間接的に経済活動に影響を与えうる。本章ではこれを「環境ホルモン型汚染」と定義する。図7.1では，ダイオキシンおよび環境ホルモン関連の新聞記事件数が表されている。特に環境ホルモン関連の記事は1998年以降飛躍的に増加していることがわかる。表7.1では，日本政府の環境ホルモン対策関連の予算額が示されている。環境ホルモンが話題になり，その影響が懸念されるようになったせいもあり，1998年度では第三補正予算まで含めると環境ホルモン対策関連費用は，当初の予算額と比べて総額で約25倍増加している。本章の最後の部分では，それぞれの汚染が長期的な経済成長率に与える影響について比較・検討する。

7.2 人的資本を伴う経済成長モデル（Uzawa-Lucasモデル）

本節では，Uzawa (1965) やLucas (1988) によって導入されてきた物的資本と人的資本を伴うような二部門経済成長モデルを紹介する。このモデル

第 7 章　人的資本と環境汚染の外部性を伴う経済成長モデル　*151*

図 7.1　ダイオキシン及び環境ホルモン関連新聞記事件数
　　　　　（全国紙 4 紙，日経テレコンで検索）

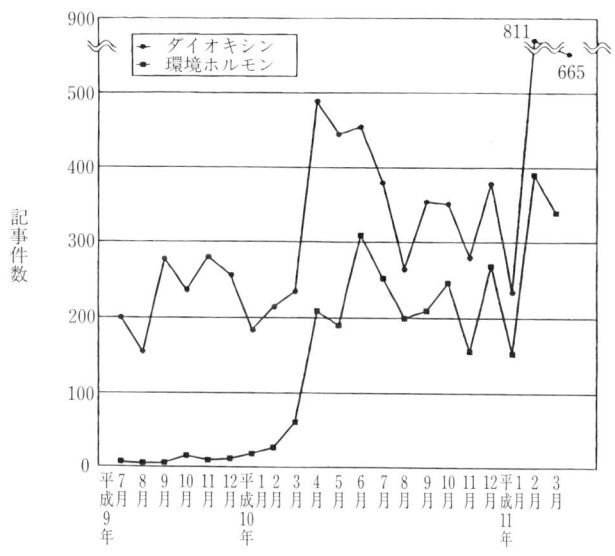

（出所）　環境庁（編）『環境白書　平成 11 年度版』，大蔵省印刷局，1999 年，220 ページ

表 7.1　政府の内分泌攪乱化学物質対策関連予算額

省　庁　名	平成 10 年度予算（補正予算） （三次補正まで含む）	平成 11 年度予算（当初）
環　境　庁	0.53 億円（　50 億円）	16.09 億円
厚　生　省	1.27 億円（　15 億円）	10.94 億円
通商産業省	0.12 億円（ 20.5 億円）*	10.84 億円
農林水産省	0.39 億円（　23 億円）	10.91 億円
建　設　省	0 億円（　6.3 億円）	4.29 億円
運　輸　省	0 億円（　0 億円）	0.03 億円
労　働　省	0 億円（　0 億円）	1.70 億円
文　部　省	0 億円（ 3.4 億円）	0.23 億円
科学技術庁	3 億円（　13 億円）	18.94 億円
合　　　計	5.31 億円（131.2 億円）	73.97 億円

＊：この額の一部が内分泌攪乱化学物質問題関連経費
（出所）　環境庁（編）『環境白書　平成 11 年度版』，大蔵省印刷局，1999 年，232 ページ

自体は環境上の要因を含むわけではないが，次節以降の分析のもととなるものである。

まずは，最終財部門から検討することにしよう。前章までのモデルと同様,最終財は単一かつ同質である。それは，物的資本と人的資本を本源的生産要素として生産され，消費もしくは物的資本の蓄積に用いられる。t期における最終財の生産関数を次のように設定する。

$$Y(t) = AK(t)^\alpha (u(t)h(t)L)^{1-\alpha}. \tag{7.1}$$

ただし，$Y(t)$, $K(t)$, $h(t)$はそれぞれ最終財の生産量，資本ストック量，一人当たりの人的資本量であり，Lは通時的に一定な総人口である。また，$u(t)$は各個人が生産活動に割り振る労働時間，$A(>0)$, $\alpha(0<\alpha<1)$はそれぞれ生産性，弾力性を表すパラメータである。各期において個人は1単位の労働時間を所有しているものとする。そして，それを生産活動か教育（人的資本の蓄積）活動に振り分ける。すなわち$u(t)$の上限は1であり，人的資本の蓄積に費やされる労働時間は$1-u(t)$となる。経済全体での人的資本量は$h(t)L$であり，$u(t)$, $1-u(t)$はそれぞれ経済全体の人的資本が，生産活動と教育活動にどのような割合で配分されるのかを表す比率ともなっている。人的資本の蓄積を表す関数（人的資本の生産関数，あるいは教育部門の生産関数）をLucas (1988)にしたがい，次のように定式化する。

$$\dot{h}(t) = \varepsilon(1-u(t))h(t). \tag{7.2}$$

ただし，εは教育部門における生産性のパラメータである。(7.2)の左辺は$h(t)$の瞬時的な増加量である。したがって，これは教育部門における「産出量」とみなすこともできるであろう。より一般的には，人的資本の蓄積にも物的資本が必要であるような状況が考えられるであろう。例えばRebelo (1991)では，人的資本の蓄積関数を(7.2)ではなく，物的資本と人的資本とのコブ＝ダグラス型の関数として定式化している。多くの先行研究では，生産部門よりも教育部門の方が人的資本集約的であると仮定している。最終財および人的資本の生産関数(7.1)と(7.2)は，この仮定と整合的であるが人的

資本の生産には物的資本が用いられないという極端なケースである。

次に消費者の行動について規定しよう。経済には，各時点において無限に生存する同質的な個人が L 人存在する。代表的個人の目的関数は以下のように設定される。

$$U = \int_0^\infty e^{-\rho t} \left[\frac{c(t)^{1-\sigma}-1}{1-\sigma} \right] dt. \tag{7.3}$$

ただし，$\rho(>0)$ は主観的割引率，$c(t)$ は一人当たりの消費量である。瞬時的な効用は $\frac{c(t)^{1-\sigma}-1}{1-\sigma}$ であり，$\sigma(>0)$ は異時点間の代替の弾力性の逆数である。この目的関数は第2章，第3章で設定されたものと同じであることを思い起こそう。社会的計画者の問題は(7.2)，資本の蓄積方程式

$$\dot{K}(t) = AK(t)^\alpha (u(t)h(t)L)^{1-\alpha} - C(t), \tag{7.4}$$

および $K(t)$，$h(t)$ の初期値 K_0，h_0 を制約として(7.3)を最大にするものとなる。ただし，$C(t) \equiv c(t)L$ は総消費量である。カレント・バリュー・ハミルトニアンは次のようになる。

$$\mathscr{H} = \frac{c^{1-\sigma}-1}{1-\sigma} + \mu_1(AK^\alpha(uhL)^{1-\alpha} - cL) + \mu_2(\varepsilon(1-u)h). \tag{7.5}$$

ただし，μ_1，μ_2 はそれぞれ資本ストック，および人的資本のシャドー・プライスである。最大化のための条件として以下の関係が成立する。

$$\frac{\partial \mathscr{H}}{\partial c} = 0 \Rightarrow c(t)^{-\sigma} = \mu_1(t)L, \tag{7.6}$$

$$\frac{\partial \mathscr{H}}{\partial u} = 0 \Rightarrow u(t) - \frac{(1-\alpha)Y(t)\mu_1(t)}{\varepsilon \mu_2(t)h(t)}, \tag{7.7}$$

$$\dot{\mu}_1 - \rho\mu_1 = -\frac{\partial \mathscr{H}}{\partial K} \Rightarrow \frac{\dot{\mu}_1(t)}{\mu_1(t)} = \alpha \frac{Y(t)}{K(t)} - \rho, \tag{7.8}$$

$$\dot{\mu}_2 - \rho\mu_2 = -\frac{\partial \mathscr{H}}{\partial h} \Rightarrow \frac{\dot{\mu}_2(t)}{\mu_2(t)} = \rho - (1-\alpha)\frac{Y(t)\mu_1(t)}{h(t)\mu_2(t)} - \varepsilon(1-u(t)), \tag{7.9}$$

$$\lim_{t \to \infty} e^{-\rho t} \mu_1(t) K(t) = 0, \tag{7.10}$$

$$\lim_{t\to\infty} e^{-\rho t}\mu_2(t)h(t)=0. \tag{7.11}$$

ただし，(7.10)，(7.11)は横断性条件である。ここでは定常状態のみに議論を集中することにする[1]。もちろん本節で焦点が当てられるのは(7.2)，(7.4)，(7.6)‐(7.11)の関係をすべてみたすような定常状態である。(7.6)より，$\mu_1(t)$の成長率は一定となる。したがって，(7.8)より，$Y(t)$と$K(t)$の成長率は等しくなる。さらに，(7.4)より$C(t)$と$K(t)$の成長率も等しくなり，生産関数(7.1)より$Y(t)$と$h(t)$の成長率が等しくなる。すなわち，定常状態では，結果として$Y(t)$，$K(t)$，$C(t)$，$h(t)$がすべて等しい率で成長することになる。最終財の生産に振り向ける時間$\bar{u}$，および定常状態における成長率$\bar{g}_Y$はそれぞれ

$$\bar{u}=\frac{(\sigma-1)\varepsilon+\rho}{\sigma\varepsilon}, \tag{7.12}$$

$$\bar{g}_Y=\frac{1}{\sigma}(\varepsilon-\rho) \tag{7.13}$$

となる。ただし，g_jは，下添え字jに関する成長率を表す。成長率の導出に関する議論は補論で行われている。また，本章では長期的な成長率が正になることを保証するために$\varepsilon-\rho>0$を仮定する。

長期的な成長率は，人的資本の生産性が高いときほど（εが高いほど），異時点間の代替の弾力性が高いときほど（σが小さいほど），家計が忍耐強いときほど（ρが低いほど）高くなることに注意しよう。本節のモデルにおいては，規模の効果が存在しないという点も指摘しておく。この帰結は第2章や第3章における帰結とは対照的である。そこでのモデルでは，規模の大きな経済ほど成長率が高くなっていたことを思い起こそう。横断性条件は

$$(1-\sigma)\varepsilon-\rho<0 \tag{7.14}$$

であるときにみたされる。したがって例えば$\sigma\geq 1$のときには，この条件は

---

[1] Barro and Sala‐i‐Martin(1995, ch.5)ではこの種のモデルの移行動学を分析している。

常にみたされることになる。また，横断性条件，および上で仮定した $\varepsilon-\rho>0$ という関係がみたされる場合には，定常状態における $\bar{u}$ は $0<\bar{u}<1$ となり，もともとの u の設定と整合的となることも指摘しておくことにする。

以上が本章の基礎となるモデルの概略である。以下では本節のモデルに対して環境問題（具体的には汚染の問題）を組み込むことによって，環境と経済成長との関連性について分析を行うことにする。

7.3 公害型汚染を伴う経済成長モデル

本節では，前節のモデルに対して環境の外部性を導入し，環境汚染の外部性が長期的な成長率に与える影響について検討する。まずは第5章や第6章同様，各個人の効用に対して直接的に負の影響を与えるような汚染を導入することにしよう。本章ではこのようなタイプの汚染を「公害型汚染」と定義する。

まずは，最終財部門から検討することにしよう。本節では，最終財の生産関数を(7.1)ではなく次のように設定する。

$$Y(t)=AK(t)^{\alpha}(u(t)h(t)L)^{1-\alpha}z(t). \tag{7.15}$$

ただし，$z(t)(z(t)\in[0,1])$ は汚染に対する規制水準である。その他の変数はすべて前節と同じものを表すことにする。

本節でも人的資本の蓄積方程式は再び

$$\dot{h}(t)=c(1-u(t))h(t) \tag{7.16}$$

で与えられるものとする。ここで，代表的個人の目的関数を以下のように設定することにしよう。

$$U=\int_0^{\infty}e^{-\rho t}\left[\frac{c(t)^{1-\sigma}-1}{1-\sigma}-BD(t)\right]dt. \tag{7.17}$$

ただし，$B(>0)$ は各個人が汚染によってどの程度損害を受けるのかを示すパラメータである。また，$D(t)$ は汚染水準であり次のように特定化する。

$$D(t) = AK(t)^\alpha (u(t)h(t)L)^{1-\alpha} z(t)^\beta. \tag{7.18}$$

ただし，$\beta > 1$ とする．本節の状況では，瞬時的効用が $\frac{c(t)^{1-\sigma}-1}{1-\sigma}$ ではなく $\frac{c(t)^{1-\sigma}-1}{1-\sigma} - BD(t)$ で与えられていることに注意しよう．このような定式化は第5章や第6章における定式化と基本的には同じである．ただし，本章においては議論を簡単化するために，汚染に対する限界不効用が一定となるような特殊ケースにおいて分析を行う[2]．社会的計画者の問題は(7.16)，(7.18)，資本の蓄積方程式

$$\dot{K}(t) = AK(t)^\alpha (u(t)h(t)L)^{1-\alpha} z(t) - C(t), \tag{7.19}$$

および $K(t)$, $h(t)$ の初期値 K_0, h_0 を制約として(7.17)を最大にするものとなる．カレント・バリュー・ハミルトニアンは次のようになる．

$$\mathscr{H} = \frac{c^{1-\sigma}-1}{1-\sigma} - BAK^\alpha (uhL)^{1-\alpha} z^\beta + \mu_1 (AK^\alpha (uhL)^{1-\alpha} z - cL) + \mu_2 (\varepsilon(1-u))h. \tag{7.20}$$

ただし，μ_1, μ_2 はそれぞれ資本ストック，および人的資本のシャドー・プライスである．最大化のための条件として以下の関係が成立する．

$$\frac{\partial \mathscr{H}}{\partial c} = 0 \Rightarrow c(t)^{-\sigma} = \mu_1(t)L, \tag{7.21}$$

$$\frac{\partial \mathscr{H}}{\partial z} \geq 0 \Rightarrow z(t) = \begin{cases} 1 & (\mu_1(t) \geq \beta B \text{ のとき}), \\ \left(\frac{\mu_1(t)}{\beta B}\right)^{\frac{1}{\beta-1}} & (\mu_1(t) < \beta B \text{ のとき}), \end{cases} \tag{7.22}$$

$$\frac{\partial \mathscr{H}}{\partial u} = 0 \Rightarrow u(t) = \begin{cases} (1-\alpha)(1-\frac{B}{\mu_1(t)})\frac{Y(t)\mu_1(t)}{\varepsilon \mu_2(t)h(t)} & (z(t)=1 \text{ のとき}), \\ (1-\alpha)(\frac{\beta-1}{\beta})\frac{Y(t)\mu_1(t)}{\varepsilon \mu_2(t)h(t)} & (z(t)<1 \text{ のとき}), \end{cases} \tag{7.23}$$

$$\dot{\mu}_1 - \rho\mu_1 = -\frac{\partial \mathscr{H}}{\partial K} \Rightarrow -\frac{\dot{\mu}_1(t)}{\mu_1(t)} = \begin{cases} \alpha(1-\frac{B}{\mu_1(t)})\frac{Y(t)}{K(t)} - \rho & (z(t)=1 \text{ のとき}), \\ \alpha(\frac{\beta-1}{\beta})\frac{Y(t)}{K(t)} - \rho & (z(t)<1 \text{ のとき}), \end{cases} \tag{7.24}$$

---

[2] 第4章から第6章において，汚染に対する限界不効用が汚染に対して逓増する場合にも線形である場合にも基本的な結論には変わりがなかったことを思い起こそう．

$$\dot{\mu}_2 - \rho\mu_2 = -\frac{\partial \mathscr{H}}{\partial h} \Rightarrow$$

$$\frac{\dot{\mu}_2(t)}{\mu_2(t)} = \begin{cases} \rho - (1-\alpha)\frac{Y(t)\mu_1(t)}{h(t)\mu_2(t)}(1-\frac{B}{\mu_1(t)}) - \varepsilon(1-u(t)) & (z(t)=1 \text{ のとき}), \\ \rho - (1-\alpha)\frac{Y(t)\mu_1(t)}{h(t)\mu_2(t)}\frac{\beta-1}{\beta} - \varepsilon(1-u(t)) & (z(t)<1 \text{ のとき}). \end{cases} \quad (7.25)$$

横断性条件は次のようになる。

$$\lim_{t\to\infty} e^{-\rho t}\mu_1(t)K(t)=0, \qquad (7.26)$$

$$\lim_{t\to\infty} e^{-\rho t}\mu_2(t)h(t)=0. \qquad (7.27)$$

再び定常状態における成長率に焦点を当てることにしよう。定常状態では結果として，Y，K，C がそれぞれ等しい率で成長することになる。2節のモデルとの相違点は，環境汚染を伴うモデルにおいては h の成長率はこれらとは異なってくるという点である。最終財の生産に振り向ける時間 u^*，および定常状態における成長率 g_Y^* はそれぞれ

$$u^* = \frac{(\sigma-1)\varepsilon + \rho(1+\sigma\Gamma)}{\sigma\varepsilon(1+\Gamma)}, \qquad (7.28)$$

$$g_Y^* = \frac{1}{\sigma}(1+\Gamma)^{-1}(\varepsilon-\rho) \qquad (7.29)$$

となる。ただし，$\Gamma \equiv \frac{1}{(1-\alpha)(\beta-1)}$ である[3]。$\Gamma>0$ であるので，$(1+\Gamma)^{-1}<1$ である。したがって，公害型汚染の外部性が存在する場合，長期的な成長率は，環境の外部性が存在しない前節のケースよりも必ず低くなることがわかる（すなわち，$g_Y^* < \bar{g}_Y$）。(7.29) より，長期的な成長率がプラスとなるための必要十分条件は $\varepsilon-\rho>0$ で与えられるが，この条件は前節でもたらされた条件とまったく同じである。したがって，公害型汚染の外部性によって長期的な成長率は低くはなるが止まってしまうわけではない。公害型汚染が存在するケースではそれが存在しないケースと比較して長期的な成長率は低くな

---

3) 議論の詳細については補論を参照せよ。

るが，両者において経済が長期的に正の率で成長するための必要十分条件は同じであり，その条件とは教育部門における生産性が主観的割引率と比較して十分に高いことである。最終財生産に振り向ける時間を比較すると

$$(\sigma-1)(\varepsilon-\rho)>0 \tag{7.30}$$

である場合には $u^*<\bar{u}$ となる。本章を通じて $\varepsilon-\rho>0$ という仮定がなされていたので，$\sigma-1>0$ であることがこの不等式が成立するための十分条件である。

次に汚染の動学的挙動に焦点を当てることにしよう。経済は初期の段階で比較的貧しい，すなわち，$K(0)$, $Y(0)$, $h(0)$, $c(0)$ が比較的小さな値を取るものとしよう。その場合には，$z(0)=1$ となる。すなわち，環境汚染に対する規制政策はなされない。このとき，経済発展の初期の段階においては，$K(t)$, $Y(t)$, $h(t)$, $c(t)$ そして，$D(t)$ もまた通時的に上昇することになる。しかしながら，ある期を過ぎると，$z(t)$ が1より小となり，汚染に対する規制政策が施行されることになる。その後，$z(t)$ は通時的に減少する。この効果によって，汚染量もまた減少する傾向がある。定常状態における汚染量の変化率は次のようになる。

$$g_D^*=(1-\sigma)g_Y^*. \tag{7.31}$$

仮定より $\varepsilon-\rho>0$ であるので $g_Y^*>0$ である。したがって，$\sigma>1$ となっている場合には，長期的な成長率はプラスになり，汚染量は通時的に減少する。また，このとき最終財の生産に向けられる労働量は公害型汚染が存在しないケースと比較してより少なくなることに注意しよう。$\sigma>1$ であるときには，長期的に所得水準と汚染量が負の相関をもつという帰結は第5章，第6章における結果と同じであることに注意しよう。すなわち，生産性の上昇がイノベーションによって生じたとしても，人的資本の蓄積によってもたらされたとしても，定常状態において成長率と汚染量が負の相関をもつ条件は同じものとなるのである。

最後に横断性条件について検討しよう。横断性条件は

$$(1-\sigma)\varepsilon - \rho < 0 \tag{7.32}$$

であるときにみたされることになる。前節同様 $\sigma \geq 1$ であるとき、すなわち、長期的な成長率と汚染量が負の相関をもつか、あるいは少なくても定常状態において汚染が一定となるときには、常にみたされることになる。

7.4 環境ホルモン型汚染を伴う経済成長モデル

前節では、各個人の効用に対して直接的に影響を与えるような汚染が検討された。しかしながら、経済活動を営むうえで排出される排出物の中には、直接人々の効用に影響を与えるというよりはむしろ、間接的に経済の生産性に影響を与えるようなものも存在する。例えば、ダイオキシンや環境ホルモンなどがその一例として考えられる。それは、大気汚染や水質汚濁などのように直接人間がそれを感じるのは困難であるが、生物の繁殖能力や健康水準、あるいは労働の生産性等に目には見えない形で影響を与えることによって、人々の生活に影響を与える。そこで本節では、直接的に効用関数には影響を与えないが、教育部門における生産性を低下させるような汚染を導入することにする。本章ではこれを「環境ホルモン型汚染」と定義する[4]。そして、人的資本の蓄積を表す関数(7.16)、代表的個人の目的関数(7.17)の代わりに以下の式を導入する。

$$\dot{h}(t) = [\varepsilon(1-u(t)) - \xi D(t)]h(t), \tag{7.33}$$

$$U = \int_0^\infty e^{-\rho t} \log c(t) dt. \tag{7.34}$$

(7.33)は汚染によって人的資本の蓄積が鈍るということを示している[5]。

---

4) 本章のモデルにおいては人口は通時的に一定である。したがって、本章で定義した「環境ホルモン型汚染」は繁殖能力というよりはむしろ、教育部門の生産性に対して影響を与える。

5) この定式化は Gradus and Smulders (1993) に類似している。

(7.34)は，本節で考えるタイプの汚染が人々の瞬時的な効用には影響を与えないという仮定を反映している。瞬時的効用は 2 節におけるものの $\sigma=1$ の特殊ケースと考えることができるであろう。現実には，公害型汚染と環境ホルモン型汚染を明確に区別するということは困難であるかもしれない。より一般的には，本節で導入されたようなタイプの排出物もまた個人の瞬時的効用に影響を与えると考えた方が妥当かもしれない。また，3 節で導入されたタイプの汚染もまた人的資本の蓄積に対して影響を与えると仮定した方がよいかもしれない。このようなケースでは目的関数としては(7.17)，人的資本の蓄積方程式としては(7.33)が採用されることになる。しかしながら本章では，2 種類の汚染が経済に与える影響についての比較・検討をより容易にするためにこのような極端なケースで分析を行う。3 節のケースは，$\xi=0$，本節の場合は $B=0$ という特殊ケースとみなすこともできる。

　最終財の生産関数，汚染の排出過程を表す関数，資本の蓄積方程式はそれぞれ(7.15)，(7.18)，(7.19)で与えられる。社会的計画者の問題は，(7.18)，(7.19)，(7.33)，および $K(t)$，$h(t)$ の初期値が K_0，h_0 という条件の下で(7.34)を最大にするものとなる。カレント・バリュー・ハミルトニアンは次のように設定される。

$$\mathscr{H} = \log c + \mu_1(AK^\alpha(uhL)^{1-\alpha}z - cL) + \mu_2(\varepsilon[(1-u) - \xi AK^\alpha(uhL)^{1-\alpha}z^\beta]h). \tag{7.35}$$

ただし，μ_1，μ_2 はそれぞれ資本ストック，および人的資本のシャドー・プライスである。最大化のための条件として以下の関係が成立する。

$$\frac{\partial \mathscr{H}}{\partial c} = 0 \Rightarrow c(t)^{-1} = \mu_1(t)L, \tag{7.36}$$

$$\frac{\partial \mathscr{H}}{\partial z} \geq 0 \Rightarrow z(t) = \begin{cases} 1 & (\mu_1(t) \geq \mu_2(t)h(t)\beta\xi \text{ のとき}), \\ \left(\frac{\mu_1(t)}{\mu_2(t)h(t)\beta\xi}\right)^{\frac{1}{\beta-1}} & (\mu_1(t) < \mu_2(t)h(t)\beta\xi \text{ のとき}), \end{cases} \tag{7.37}$$

$$\frac{\partial \mathscr{H}}{\partial u} = 0 \Rightarrow u(t) = \begin{cases} (1-\alpha)(1 - \frac{\xi\mu_2(t)h(t)}{\mu_1(t)})\frac{Y(t)\mu_1(t)}{\varepsilon\mu_2(t)h(t)} & (z(t)=1 \text{ のとき}), \\ (1-\alpha)(\frac{\beta-1}{\beta})\frac{Y(t)\mu_1(t)}{\varepsilon\mu_2(t)h(t)} & (z(t)<1 \text{ のとき}), \end{cases} \tag{7.38}$$

第7章 人的資本と環境汚染の外部性を伴う経済成長モデル　　161

$$\dot{\mu}_1 - \rho\mu_1 = -\frac{\partial \mathscr{H}}{\partial K} \Rightarrow$$

$$\dot{\mu}_1 - \rho\mu_1 = -\frac{\partial \mathscr{H}}{\partial K} \Rightarrow -\frac{\dot{\mu}_1(t)}{\mu_1(t)} = \begin{cases} \alpha(1 - \frac{\xi\mu_2(t)h(t)}{\mu_1(t)})\frac{Y(t)}{K(t)} - \rho & (z(t)=1 \text{ のとき}), \\ \alpha(\frac{\beta-1}{\beta})\frac{Y(t)}{K(t)} - \rho & (z(t)<1 \text{ のとき}), \end{cases} \quad (7.39)$$

$$\dot{\mu}_2 - \rho\mu_2 = -\frac{\partial \mathscr{H}}{\partial h} \Rightarrow$$

$$\frac{\dot{\mu}_2(t)}{\mu_2(t)} = \begin{cases} \rho - \frac{Y(t)\mu_1(t)}{h(t)\mu_2(t)}[(1-\alpha) - \frac{(2-\alpha)\xi\mu_2(t)h(t)}{\mu_1(t)}] - \varepsilon(1-u(t)) & (z(t)=1 \text{ のとき}), \\ \rho - \frac{Y(t)\mu_1(t)}{h(t)\mu_2(t)}[(1-\alpha) - (2-\alpha)\frac{1}{\beta}] - \varepsilon(1-u(t)) & (z(t)<1 \text{ のとき}). \end{cases}$$
$$(7.40)$$

横断性条件は次のようになる。

$$\lim_{t \to \infty} e^{-\rho t}\mu_1(t)K(t) = 0, \quad (7.41)$$

$$\lim_{t \to \infty} e^{-\rho t}\mu_2(t)h(t) = 0. \quad (7.42)$$

本節でも定常状態に焦点を当てることにする。最終財の生産に割り当てる労働時間，および定常状態における（Y，C，K 共通の）成長率は次のようになる。

$$u^{**} = \frac{\rho}{\varepsilon}, \quad (7.43)$$

$$g_Y^{**} = (1+\Gamma)^{-1}(\varepsilon-\rho) - (1+\Gamma^{-1})^{-1}\rho. \quad (7.44)$$

同じことであるが，(7.44)は以下のように書くこともできる。

$$g_Y^{**} = (1+\Gamma)^{-1}[\varepsilon-(1+\Gamma)\rho]. \quad (7.45)$$

本節においても成長率を導出する際の議論の詳細は補論でなされている。このケースにおいて，長期的な成長率がプラスとなるのは $\varepsilon-(1+\Gamma)\rho>0$ というパラメータ制約が成立するときである。環境ホルモン型汚染を伴うようなケースにおいて，経済が長期的に成長するための条件が，公害型汚染を伴

うときの条件とは著しく異なっていることに注意しよう。環境汚染が存在しないケースで長期的な成長率がプラスになる場合には，公害型汚染を伴うようなケースにおいても長期的な成長率はプラスになる。しかしながら，環境ホルモン型汚染を伴うようなケースにおいてそれがプラスになることは，この条件だけでは必ずしも保証されない。本節のモデルにおいて，定常状態における汚染の変化率はゼロとなるので，汚染量は一定となる。横断性条件がみたされることは容易にわかる。

最後に，公害型汚染と環境ホルモン型汚染が経済に与える様々な影響についての比較・検討を行うことにしよう。まずは成長率に与える影響について検討する。ここでは両者における比較を明示的にするために $\sigma=1$ というケースにおいて分析を行ってみよう[6]。このとき，$g_Y^* > g_Y^{**}$ となる。したがって，人々の効用に対して直接的に影響を与えるような汚染（公害型汚染）よりも人的資本の蓄積に関して負の影響を与えるような汚染（環境ホルモン型汚染）の方が成長率に与える負の外部性が大きいということが言えるのである。

最後に規制水準との関係を考察する。汚染にまったく規制をすることができない場合を検討することにしよう。すなわち，すべての $t(t \geq 0)$ に対して $z(t)=1$ ということを仮定するのである。公害型汚染の場合には，Y，D はともに $\bar{g}_Y$ の率で成長する。一方，環境ホルモン型汚染の場合には，汚染がある一定水準を超えると $\dot{h}<0$ となるであろう。したがって産出量そのものも減少する可能性がある。

7.5 おわりに

本章では，人的資本を伴う二部門成長モデルに対して環境汚染の外部性が導入された。ここでは，2つの異なったタイプの汚染を導入し，それぞれの経済成長率に与える影響について比較・検討した。汚染のうちの1つは，こ

---

6) より厳密には $\sigma \to 1$ という極限である。

れまでと同様の設定であり，人々の厚生水準に対して，直接負の影響を与えるものとして定式化された。そこでは，消費の異時点間代替の弾力性が十分に小さい場合には，長期的な経済成長率と汚染の変化率には負の相関があるという帰結が得られている。これは，第4章から第6章において得られた結論と同様であり，再び，環境クズネッツ曲線の右下がりの部分が導出できることになる。経済成長の主要な要因として，イノベーションではなく人的資本に焦点が当てられたとしても，これまでの帰結が維持されるという事実は，極めて興味深いものである。

　しかしながら，現在経済活動において排出される汚染は必ずしもこのようなものばかりではない。環境ホルモンのような新たなタイプの排出物も深刻になってきている。そこで4節では，厚生水準に対して直接影響を与えることはないが，人的資本の蓄積に影響を与えるような「環境ホルモン型汚染」を導入した。そして，2種類の汚染の外部性の相違について分析を行った。汚染が存在しないような場合に，経済が長期的に正の率で成長するための条件は，公害型汚染が存在する場合に経済成長が持続的になるための条件と等しいという結論が得られた。その一方で，環境ホルモン型汚染については必ずしもそのことは言えない。環境ホルモン型の汚染の方が負の外部性が大きく長期的な経済成長率に与える影響も大きいということも明らかになった。この命題は公害型汚染よりも環境ホルモン型汚染の方が経済により深刻な影響を与えるということを意味している。厚生水準に対して直接影響を与えるというよりはむしろ人的資本の蓄積等に対して間接的に影響を与える汚染は，その影響を認識することが比較的困難であるため，現状において対策を講じることが遅れがちになるかもしれない。しかしながら本章の議論から得られる帰結は，このような汚染に対して，様々な環境政策を遂行することによって，むしろ通常の汚染よりも厳しく対処していくべきであるということを示唆している。

7.6 補論：種々のモデルにおける成長率の導出

ここでは，本章で分析した3種類のモデルの成長率の導出を行う。まずは2節のモデルにおける成長率について検討しよう。このモデルでは，Y, C, K, h はすべて同じ率で成長する。さらに (7.7)，(7.9) より以下の関係が成立する。

$$g_{\mu_2} = \varepsilon - \rho. \tag{7.46}$$

定常状態において g_h は一定であるので，u も一定となる。(7.7) に注目すると，

$$g_Y + g_{\mu_1} - g_h - g_{\mu_2} = 0 \tag{7.47}$$

となる。ここで，(7.46) と $g_Y = g_h = -\frac{1}{\sigma}g_{\mu_1}$ に注意すると $g_{\mu_2} = g_{\mu_1} = -\sigma g_Y$ となるので，成長率は次のようになる。

$$\bar{g}_Y = \frac{1}{\sigma}[\varepsilon - \rho]. \tag{7.48}$$

次に公害型汚染のケースについて検討してみよう。(7.21)，(7.22)，(7.23) より次の関係が成立する。

$$g_Y = -\frac{1}{\sigma}g_{\mu_1}, \tag{7.49}$$

$$g_z = \frac{1}{\beta-1}g_{\mu_1} = -\frac{\sigma}{\beta-1}g_Y, \tag{7.50}$$

$$g_Y + g_{\mu_1} - g_h - g_{\mu_2} = 0. \tag{7.51}$$

生産関数，および (7.50) より，

$$g_h = (1+\sigma\Gamma)g_Y \tag{7.52}$$

となる。(7.49)，(7.52) を用いて，(7.51) を変形すると次のようになる。

$$g_{\mu_2} = -\sigma[1+\Gamma]g_Y. \tag{7.53}$$

一方，(7.23)，(7.25) より，

$$g_{\mu_2} = \rho - \varepsilon \tag{7.54}$$

とも書ける。これより，公害型汚染を伴うモデルの定常状態における成長率，g_Y^* は次のようになる。

$$g_Y^* = \frac{1}{\sigma}(1+\Gamma)^{-1}(\varepsilon-\rho). \tag{7.55}$$

最後に環境ホルモン型汚染を伴うモデルを検討しよう。公害型汚染を伴うモデルと同様の手法で，g_Y と g_{μ_1}，g_z の関係を求めるとそれぞれ，$g_Y = -g_{\mu_1}$，$g_z = -\frac{1}{\beta-1}g_Y$ となる。ただし，g_z を求める際に，$g_Y + g_{\mu_1} = g_h + g_{\mu_2} = 0$ という関係を用いていることに注意せよ。g_z と g_Y の関係に注意し生産関数を変形すると

$$g_h = (1+\Gamma)g_Y(=-g_{\mu_2}) \tag{7.56}$$

となる。(7.38)，(7.40) より次の関係が成立する。

$$g_{\mu_2} = \rho - \varepsilon + \varepsilon u[1 - \Gamma(\beta(1-\alpha)-2+\alpha)]. \tag{7.57}$$

人的資本の蓄積を表す関数より $g_h = \varepsilon(1-u) - \xi D$ である。ここで，定常状態における汚染水準を求めると次のようになる。

$$D - Yz^{\beta-1} = \varepsilon u \Gamma \frac{1}{\xi}. \tag{7.58}$$

定常状態において u は一定となるので D もまた一定となる。これに注意すると，h の成長率は以下のように表される。

$$g_h = \varepsilon - \varepsilon u(1+\Gamma). \tag{7.59}$$

(7.57)，(7.59) および $g_h + g_{\mu_2} = 0$ に注意すると $\rho = \varepsilon u$ となる。したがって，

$$g_h = \varepsilon - \rho(1+\Gamma) \tag{7.60}$$

である。$(1+\Gamma)g_Y = g_h$ より，定常状態における成長率は次のようになる。

$$g_Y^{**} = \frac{1}{1+\Gamma}[\varepsilon - \rho] - \frac{\Gamma}{1+\Gamma}\rho. \tag{7.61}$$

第 8 章

越境汚染と国際的な協調

8.1 はじめに

　第4章から第7章においては，環境の外部性が種々の経済成長モデルの中に統合され，経済成長と環境保全とを両立させるような政策や条件が検討されてきた。しかしながら，これらの章でなされた分析は，いずれも閉鎖経済のものに限定されていた。現実には環境問題には国際的な側面も存在する。例えば，1国で有限な資源を多量に使用したり，採取する量を調整したりした場合，その資源を使用しようとする他国の行動は影響を受けざるをえないであろう。また，工業過程の中で排出される汚染は，河川や大気を通して他国へと流出しうる。二酸化炭素やメタン，一酸化二窒素等の温室効果ガスは地球温暖化を通して地球規模の影響力をもつ。

　本章では，このような環境の外部性に対して焦点を当てることにしよう。具体的には，先進国と発展途上国の2国が存在するようなモデルにおいて分析を行う。第4章から第7章までのモデルと同様，消費の限界効用は正であるが逓減的であると仮定する。各国において経済活動が営まれる際に汚染が排出される。ただし，その汚染は自国同様，他国の厚生水準にも影響を与えるものとして取り扱われる。すなわち，各国の効用水準は，消費量，自国から排出される汚染，相手国から排出される汚染という3つのものに依存することになる。国境を越えて相手国に影響を与える汚染（越境汚染）が存在し，かつその影響が十分に大きい場合には，各国が協調し，汚染の排出を抑制することによって，厚生水準を上昇させることが可能となるかもしれない。本

章では，先進国と発展途上国が協調し，排出物削減を促進するような活動を行うことによって，厚生水準がどのように変化していくのかを検討する。先進国を資金に余裕があるが排出物の削減コストは十分に高い国，発展途上国を資金は乏しいが排出物の削減コストは十分に低い国であるものと定義する。そして，先進国が資金を提供し，発展途上国が排出物削減の場を提供するような状況を考えることにする。

　排出物を温室効果ガスと解釈すれば，本章で検討する国際的な協調をバブル（共同達成），共同実施，クリーン開発メカニズムと関連付けることも可能であろう。1996年に京都で行われた気候変動枠組み条約第3回締約国会議（COP 3）では，温室効果ガスの排出削減に関する「京都議定書」が採択された[1]。これによると附属書I締約国の温室効果ガスを基準年である1990年と比較して5％削減することになった。削減目標を国別に見ると，基準年と比較して日本6％，アメリカ合衆国7％，EU 8％となっている（しかしながらアメリカはその後この枠組みから離脱した）。ただし，温室効果ガスの削減は，すべての量をその国の国内で行う必要があるわけではない。他の国と共同で削減することも認められており，その手段として共同達成（バブル），共同実施，クリーン開発メカニズムがあげられる。これらはそれぞれ「京都議定書」において次のように定義されている。

　・第4条　バブル（共同達成）「数値目標の達成の約束を共同で果たすことに合意した付属書I締約国は，これら諸国の総排出量が各締約国の割当量の合計量を上回らない場合には，その約束を果たしたとみなされる。」
　・第6条　共同実施「数値目標を達成するため，附属書I締約国は，発生源による人為的排出を削減することあるいは吸収源による人為的除去を増進することを目的としたプロジェクトによる排出削減ユニットを他の附属書I締約国に移転し，又は他の附属書I締約国から獲得することができる。附属書I締約国と非附属書I締約国との共同実施は，クリーン開発

　1）京都議定書については，例えば高村・亀山編（2002）を参照せよ。

メカニズムのもとで行うことができる。」

・第12条　クリーン開発メカニズム　「クリーン開発メカニズムは，非附属書I締約国の持続可能な開発と気候変動枠組み条約の目的達成を支援し，かつ附属書I締約国の数値目標の達成を支援するもの。本メカニズムにより，非附属書I締約国排出削減につながるプロジェクト実施による利益が得られ，附属書I締約国はこうしたプロジェクトによって生ずる「承認された削減量」を自国の数値目標の達成のために使用できる。」

共同達成は，例えばEUが個々の国ではなく1つの大きな地域として削減活動を行うような状況を想定することができる。共同実施は附属書I締約国2ヵ国の間で排出枠を取り引きするようなものを考えることができる。これには例えば，日本とロシアによる協調などを一例として考えることができる。クリーン開発メカニズムは附属書I締約国と非附属書I締約国の間の排出削減プロジェクトを想定しており，例えば日本と中国や東南アジア，アメリカ合衆国と中南米諸国の協調行動を考えることができるであろう。環境問題における越境汚染や温室効果ガスを想定し，上記のような手段による国際的な協調というテーマを取り扱った先行研究としては，Hagem (1996)，藤田 (1997)，Wirl *et al.* (1998) 等がある。これらのモデルにおいては，先進国があらかじめある一定の排出物削減を義務づけられているような状況で分析を行っている（すなわち，先進国は附属書I締約国であり，温室効果ガスの削減義務を負う国であると設定している）。しかしながら，本章では先進国に排出物に対する削減義務というものは想定せず，むしろ単に厚生水準の変化という観点から分析を行っている。そのために共同達成（バブル），共同実施，クリーン開発メカニズムでなく単に「国際的な協調」という用語を用いることにする。もちろん本章で検討されたモデルを先進国が排出物削減義務を負うような状況へ拡張することは比較的容易である。しかしながら，そのような義務がまったく存在しなかったとしても，越境汚染が厚生水準に与える影響が大きい場合には，国際的な協調は厚生水準を上昇させるための手段となりうることが明らかになる。本章のモデルでは，先進国と発展途上

国との協調に焦点を当てているので，上記の3つのうちクリーン開発メカニズムに最も近いということも指摘しておくことにしよう。

本章の構成は次のようになっている。2節においては，静学モデルの枠組みにおいて国際的な協調が導入される。そして，それが先進国や発展途上国の厚生水準を改善させることができるのかどうかについて検討する。3節においては，2節のモデルが動学モデルへと拡張される。4節においては，市場経済の枠組みにおいてこのような問題を検討する。そして，最後に5節では本章のまとめを行う。

8.2 静学による分析

本節では，グローバル経済の枠組みにおいて，汚染を伴うような静学モデルを検討する。定式化の多くは第4章の2節におけるものに依存している。8.2.1では基本的なモデルの枠組みを述べ，8.2.2では個々の国が相手の行動を所与として自らの行動を決定するような状況を考察する。8.2.3では排出量を削減するような国際的な協調がなされるような状況を導入し，それによって各国の厚生が上昇しうるか否かを調べる。最後に，8.2.4ではそのような国際的な協調がなされるための諸条件を求めることにする。

8.2.1 モデルの設定

ここでは，本節で検討する静学モデルの基本的なフレームワークを述べる。本節で検討される世界は2国からなるものとする。1国をN国，もう一方をS国と呼ぶことにしよう。各国において生産活動がなされるが，それに伴って汚染も排出される。両国において生産される生産物は同質である。実際の生産量，汚染の排出量は第4章での設定にしたがい，潜在的な産出量と汚染に対する規制水準に依存するものとする。

i国（以下，$i=$N，S）における生産関数を次のように規定することにしよう。

$$Y_i = p_i A K_i z_i. \tag{8.1}$$

ただし，Y_i は i 国における総産出量，p_i は両国における技術の違いを表すパラメータ，A は生産性のパラメータ，K_i は i 国における資本ストック量，$z_i (z_i \in [0,1])$ は i 国の汚染に対する規制水準である。本章を通じて，下添え字 i はすべて i 国の水準を表すものとする。また，資本移動は存在しないものとする。一人当たりの産出量は次のようになる。

$$y_i = p_i A k_i z_i. \tag{8.2}$$

ただし，y_i，k_i はそれぞれ一人当たりの産出量，資本ストック量であり，i 国における総人口を L_i とすると，$y_i \equiv \frac{Y_i}{L_i}$，$k_i \equiv \frac{K_i}{L_i}$ となる。

汚染は生産過程においてのみ排出されるものとし，汚染の排出過程を表す関数を次のように規定する。

$$D_i = A K_i z_i^\beta. \tag{8.3}$$

ただし，D_i は i 国における総排出量である。$\beta (\beta > 1)$ はパラメータである。

ここで，z_i を D_i について解き，これを生産関数に代入すると次式が成立する。

$$Y_i = p_i A^{\frac{\beta-1}{\beta}} K_i^{\frac{\beta-1}{\beta}} D_i^{\frac{1}{\beta}}. \tag{8.4}$$

すなわち，最終生産物は，自国に存在する資本ストックと自国から排出される排出物とを実質的な生産要素として生産されることになる。

次に，各国の消費者の効用（U_i）について述べることにしよう。i 国における代表的個人の効用関数を次のように定式化する。

$$U_i = \frac{c_i^{1-\sigma} - 1}{1-\sigma} - (B_1 D_i + B_2 D_j). \tag{8.5}$$

ただし，c_i は i 国における一人当たりの消費量であり静学モデルにおいては $c_i = y_i$ である。B_1（B_2）は自国（他国）の汚染に対する不効用の程度を表すパラメータであり，$B_1 > B_2 > 0$ とする。この関係は，排出物のもたらす

不効用は，自国からのものの方がより大きいということを示している。また，$\sigma>0$ であり，D_j は相手国の汚染量である。本章を通じて下添え字 j は相手国の水準を表すことにしよう。第4章から第6章のモデルとは異なり，ここでは汚染に対する不効用が汚染量に対して線形となる特殊ケースで分析を行う。

8.2.2 国際的な協調が存在しないケース

本項では，国際的な協調が存在しない状況における各国の行動について考察する。各国の政府は自国の z_i を汚染に対する直接規制や省エネ法の施行などの適切な政策手段を用いて決定できるが，相手国の規制水準には何ら影響力を及ぼすことができないと仮定する。各国における代表的個人は同一の選好をもち，その効用関数は(8.5)のように設定されている。

社会的計画者の問題は，上記の効用を最大化することである。ただし，本項では国際的な協調が存在しないので，この問題は相手国の行動を所与として自国の代表的個人の効用を最大化するものとして設定される。この問題は第4章の静学モデルにおけるものとほとんど同じである。静学モデルでは k_i の水準は所与であるので，社会的計画者は上記の効用を最大にするような z_i のみを設定する。一階の条件は次のようになる。

$$\frac{dU_i}{dz_i}=(p_iAk_iz_i)^{-\sigma}p_iAk_i-\beta B_1Ak_iL_iz_i^{\beta-1}\geq 0. \qquad (8.6)$$

(8.6)と $z_i\in[0,1]$ に注意し，国際的な協調が存在しないときの最適な z_i を z_i^* で表すと次のようになる。

$$z_i^*=\begin{cases}1 & (k_i\leq k_{i\delta}), \\ (\beta B_1L_i)^{-h}(Ak_i)^{-\sigma h}p_i^{(1-\sigma)h} & (k_i>k_{i\delta}).\end{cases} \qquad (8.7)$$

ただし，$h\equiv\frac{1}{\beta-1+\sigma}(>0)$, $k_{i\delta}\equiv p_i^{\frac{1-\sigma}{\sigma}}A^{-1}(\beta B_1L_i)^{-\frac{1}{\sigma}}$ である。(8.7)より，$z_i^*<1$（すなわち $k_i>k_{i\delta}$）の範囲では，$\partial z_i^*/\partial k_i<0$, $\partial^2 z_i^*/\partial k_i^2>0$ となる。第4章同様，一人当たりの資本ストックがある一定の値を超えると，汚染に対する規制がなされ，より小さな値の z_i が選択されることになる。

総排出量について考察することにしよう。最適な技術の指標 z_i^* に対応する汚染量を D_i^* で表すことにする。$k_i \leq k_{i\delta}$ のときには，$z_i^*=1$ であるので，$D_i^*=Ak_i$ となる。つまり，一人当たりの資本ストックが十分小さいときには，一人当たりの資本ストックと総排出量との間には正の相関がある。(8.3) と (8.7) に注意すると，$k_i > k_{i\delta}$ の範囲では総排出量は次のように表される。

$$D_i^* = p_i^{(1-\sigma)\beta h}(\beta B_1)^{-\beta h} L_i^{(\sigma-1)h}(Ak_i)^{(\beta-1)(1-\sigma)h}. \tag{8.8}$$

したがって，$k_i > k_{i\delta}$（すなわち，$z_i^* < 1$）という範囲に一人当たりの資本ストックがあり，かつ $\sigma > 1$ である場合には，汚染量は一人当たりの資本ストック量の増加とともに減少することがわかる。

最適値 z_i^* に対応する一人当たりの産出量を y_i^* で表すと資本ストックが十分小さく $z_i^*=1$ となっている場合には，$y_i^*=Ak_i$ である。それが十分大きく $z_i^*<1$ となるときには y_i^* は次式で与えられる。

$$y_i^* = p_i^{\beta h}(Ak_i)^{(\beta-1)h}(\beta B_1 L_i)^{-h}. \tag{8.9}$$

したがって，一人当たりの資本ストックがこの範囲にある場合には $\partial y_i^*/\partial k_i > 0$，$\partial^2 y_i^*/\partial k_i^2 < 0$ となる[2]。

8.2.3 国際的な協調を伴うケース

ここでは，先進国と発展途上国が汚染を減少させるような国際的な協調を行うことによって，パレート改善することが可能かどうかを検討する。いま，N国は一人当たりの資本ストックが十分大きく $k_N > k_{N\delta}$ という水準にあり，S国は $k_S \leq k_{S\delta}$ という水準にあると仮定する。このとき，前項の議論により，$z_N^* < 1$，$z_S^*=1$ となる。相手国の行動を所与として自国の代表的個人の効用最大化をはかったとき，$z_i^*=1$ となるような国を発展途上国，$z_i^*<1$ となるような国を先進国と定義することにする。この定義によると，N国は先進国

---

[2] 一人当たりの資本ストック (k_i) と z_i, D_i, y_i の関係は基本的に第4章における図 4.1-4.3 と類似していることに注意しよう。

であり S 国は発展途上国である。また，$p_N > p_S$ を仮定し，簡単化のために $p_S = 1$ とする。この仮定は先進国の方がより生産性が高いということを意味している。p_N に関しては，$p_N > \frac{B_1}{B_2}(>1)$ という制約を課すことにする。協調が存在しない場合には，N 国の総産出量は S 国のそれを上回っているということも仮定する（すなわち，$p_N A K_N z_N^* > A K_S$ である）。

本章では，国際的な協調のことを「N 国が S 国に資金援助を行い，それに応じて S 国が汚染を減らす」ものとして定義する。以下では，このような国際的な協調によって，先進国・発展途上国両国の厚生がどのように変化するのかを検討しよう。先進国から発展途上国への所得移転がなされたときの各国の効用と制約を次のように設定する。

$$U_N = \frac{(p_N A k_N z_N^* - m)^{1-\sigma} - 1}{1-\sigma} - \left[B_1 A K_N z_N^{*\beta} + B_2 A K_S (z_S(m))^\beta \right], \quad (8.10)$$

$$U_S = \frac{(A k_S)^{1-\sigma} - 1}{1-\sigma} - \left[B_2 A K_N z_N^{*\beta} + B_1 A K_S (z_S(m))^\beta \right], \quad (8.11)$$

$$A k_S = A k_S z_S + \frac{L_N m}{L_S}. \quad (8.12)$$

ただし，m は S 国の居住者に支払う N 国の居住者一人当たりの助成金（移転される所得の量）である。$L_N m$ は N 国から S 国への総所得移転量であり，環境保護を目的とした政府開発援助（ODA）とみなすことも可能であろう。以下で説明するように S 国がどれだけ汚染に対して規制を行うかは助成額 m に依存しているため，(8.10)，(8.11)において，規制水準は m の関数として $z_S(m)$ と書かれている。

表 8.1，8.2 では日本の環境 ODA の実績，および 2 国間分野別実績が表されている。1992 年度からの 5 年間で日本政府は，約 1 兆 4,400 億円を硫黄酸化物の排出抑制や熱帯雨林の保護のために拠出しており，ODA に占める環境 ODA の割合が急激に上昇してきている。また，1997 年 12 月の京都会議終了後，日本政府は発展途上国に対する環境保護を目的とした円借款を拡大すると発表した。環境庁（現，環境省）では，21 世紀におけるアジア諸国の持続可能な発展を可能にするために，将来の環境協力のあり方を「アジ

表 8.1 環境分野における我が国の経済協力（形態別実績）　　　　　　　　（単位：億円）

年度	無償	有償	技協	マルチ	合計
1993	377.1 (29.6)	1,526.5 (15.3)	214.1 (16.3)	162.0 (4.4)	2,280 (12.8)
1994	414.3 (33.6)	1,054.6 (12.4)	218.7 (15.9)	253.3 (6.5)	1,941 (14.1)
1995	428.2 (33.5)	1,708.2 (15.3)	222.9 (15.8)	400.3 (10.2)	2,760 (19.9)
1996	360.7 (27.8)	3,864.7 (29.7)	253.4 (16.9)	153.8 (11.3)	4,632 (27.0)
1997	364.6 (27.7)	1,623.4 (15.3)	300.7 (19.2)	158.1 (4.6)	2,443 (14.5)

1) 合計欄以外の（ ）内は各形態毎の ODA 合計に対する割合（％）。ただし，無償協力にあっては，一般無償資金協力総計に占める割合（除，債務救済，ノンプロ無償（経済構造改善努力支援無償），草の根無償）。有償資金協力にあっては，プロジェクト借款，ノンプロジェクト借款（商品借款，構造調整融資等）の合計額（除，債務救済）に占める割合。
2) 合計欄の（ ）内は我が国 ODA 全体に占める割合。
3) 無償資金協力，有償資金協力は交換公文ベース，技術協力は JICA 経費実績ベース。マルチは国際機関に対する拠出金等で予算ベース。

（出所）　環境庁（編）『環境白書　平成 11 年度版』，大蔵省印刷局，1999 年，361 ページ

表 8.2 環境分野における我が国の経済協力（2 国間分野別実績）

（東欧向け含む，単位：億円）

年度	居住環境	森林保全	公害対策	防災	その他
1993	1,374 (60.3)	169 (7.4)	391 (17.2)	136 (6.0)	48 (2.0)
1994	1,128 (66.9)	87 (5.2)	362 (21.5)	58 (3.4)	52 (3.1)
1995	1,296 (54.9)	252 (10.7)	183 (7.7)	453 (19.2)	176 (7.5)
1996	2,803 (62.6)	372 (8.3)	609 (13.6)	429 (9.6)	266 (5.9)
1997	993 (43.3)	223 (9.8)	345 (15.1)	384 (16.8)	341 (14.9)

1) 有償，無償は技協の合計値でありマルチは含まない。
2) （ ）内は，同年度の環境 ODA に占める割合。
3) その他には，自然環境，環境行政，海洋汚染を含む。

（出所）　環境庁（編）『環境白書　平成 11 年度版』，大蔵省印刷局，1999 年，361 ページ

ア太平洋地域環境協力プログラム」(Eco-Pac) として取りまとめた。通産省（現，経済産業省）では 1992 年度から産業公害分野や省エネルギー分野における技術協力として，グリーン・エイド・プランを採用した。これは，エネルギー環境技術の移転・普及等に関する支援プログラムである。

まずは S 国について検討しよう。(8.12) は N 国が m という額だけ助成を行った際に S 国がどれだけ汚染に対する規制を行うのかを表す契約内容である。(8.12) の左辺は，国際的な協調が存在しないときの S 国における一人当

たりの産出量を示している。(8.12)の右辺の第1項は，協調がなされたときのS国の一人当たりの産出量である。mがN国の居住者一人当たりが支払う助成額であるので，(8.12)の右辺の第2項はS国の居住者一人当たりが受け取る助成額となる。つまり，S国にとってみれば，協調以前の消費量を確保するような助成金を受け取ることへの見返りとして，汚染に対する規制や省エネを行い汚染量を減らすような契約となるのである。

ここで，(8.12)において$z_S \in [0,1]$であることを考慮すると，次のようになる。

$$z_S = \begin{cases} 0 & (m > \frac{A k_S L_S}{L_N} \text{ のとき}), \\ 1 - \frac{L_N m}{A k_S L_S} & (0 \leq m \leq \frac{A k_S L_S}{L_N} \text{ のとき}). \end{cases} \quad (8.13)$$

ただし，$m > \frac{A k_S L_S}{L_N}$となるケースは後に検討されるN国の効用の最大化の過程において排除される。$m > 0$である場合，$z_S < 1$となるためS国から排出される汚染量は，協調以前と比べて減少することになる。したがって，N国における排出量がこれまでと同水準に保たれるならば，S国における代表的個人の効用は上昇する。消費量，およびN国から排出される汚染量は協調がなされる前もなされた後も同じであり，自国から排出される汚染量は減少するからである。したがって，このような契約はS国にとって受け入れる余地のあるものとなるであろう。

S国においては，z_Sを(8.13)で決定される水準よりも高い値に設定することによって，さらに高い効用を達成できるかもしれない。そうであるならば，このような国際協調から逸脱するインセンティブが存在することになる。そのような状況については次項で検討することにし，ここでは国際的な協調が遵守されるようなケースの各国の代表的個人の効用について考えることにする。

次にN国について検討することにしよう。(8.10)ではN国における代表的個人の効用が表されている。第1項におけるmはS国に対して支払われるN国の居住者一人当たりの助成額である。したがって，N国の代表的個人の消費水準は一人当たりの産出量から助成額を控除した額$p_N A k_N z_N - m$とな

る。議論の簡単化のために，z_N はこれまでの状態が維持されるものと仮定する。z_N も新たに設定できるものと仮定し，そのときの最適値を $\tilde{z}_N$ で表すと，$\tilde{z}_N > z_N^*$ となるため，分析は一層複雑なものとなる。z_N が国際的な協調以前と同じ値をとるとき，N国の汚染量は協調以前の値と同じものとなる。

所得移転を通じて z_S が減少すればS国の汚染量は減少するため，N国がS国の汚染から被る不効用も減少する。(8.13)を用いると，N国の代表的個人の効用は次のように書き換えることができる。

$$U_N = \frac{(p_N A k_N z_N^* - m)^{1-\sigma} - 1}{1-\sigma} - B_1 A K_N z_N^{*\beta} - B_2 A K_S \left[1 - \frac{L_N m}{A k_S L_S}\right]^\beta. \quad (8.14)$$

$z_S \geq 0$ であるため，m を $\frac{A k_S L_S}{L_N}$ より増やしても z_S の値は 0 のままである。したがって，N国にとって，m を $\frac{A k_S L_S}{L_N}$ より増やすメリットは存在しない。このことからN国にとっての最適な助成金 m は，$0 \leq m \leq \frac{A k_S L_S}{L_N}$ という範囲に存在することになる。さらに m に対しては当然のことながら，$m L_N \leq p_N A K_N z_N$ という関係も成立しなければならない。しかしながら，$A K_S < p_N A K_N z_N$ であるため，$0 \leq m \leq \frac{A k_S L_S}{L_N}$ である場合には，常に $m L_N < p_N A K_N z_N$ となる。つまりこの制約は事実上意味をもたない。

N国の社会的計画者の問題は，U_N を最大化するような m を求めるものとなる。助成額，m の最適値を求めるために(8.14)の U_N を m で微分すると次のようになる。

$$\frac{dU_N}{dm} = \beta B_2 L_N \left[1 - \frac{L_N m}{A k_S L_S}\right]^{\beta-1} - (p_N A k_N z_N^* - m)^{-\sigma}. \quad (8.15)$$

$\frac{d^2 U_N}{dm^2} < 0$ であることは容易に確認できる。$\frac{dU_N}{dm}$ を $m=0$, $\frac{A k_S L_S}{L_N}$ で評価するとそれぞれ次のようになる。

$$\left.\frac{dU_N}{dm}\right|_{m=0} = \beta B_2 L_N - (p_N A k_N z_N^*)^{-\sigma} > 0, \quad (8.16)$$

$$\left.\frac{dU_N}{dm}\right|_{m=\frac{A k_S L_S}{L_N}} = -\left[p_N A k_N z_N^* - \frac{A k_S L_S}{L_N}\right]^{-\sigma} < 0. \quad (8.17)$$

不等式(8.16)の証明については補論を参照せよ。

$\frac{dU_N}{dm}$ を m の関数とみなしたとき，この関数が定義域内（すなわち，$0 \leq m$

$\leq \frac{A k_S L_S}{L_N}$ をみたす m の範囲）で連続であり，$\frac{d^2 U_N}{dm^2}<0$ であることに注意すると，N 国の代表的個人の効用を最大化するような唯一の助成水準 m^*（$0<m^*<\frac{A k_S L_S}{L_N}$）が存在することがわかる．このとき，(8.13)により，これに対応するＳ国の規制水準（あるいは省エネ水準）$z_S(m^*)$ も一意に存在する．したがって，N 国が $z_N^*<1$ にあるときにはいつでも国際的な協調を通して効用を高めることができることになる．

ここで，N 国の一人当たりの助成額と他のパラメータとの関連を調べることにする．$\frac{dU_N}{dm} \equiv G$ とおく．m が最適値であるときには，$G=0$ である．このとき $\frac{\partial G}{\partial w}>0$（$w=p_N, B_2, k_S, k_N, L_S$）となる．$\frac{\partial G}{\partial m}<0$ であるので，陰関数定理を適用すると次の関係を導出できる．

$$\frac{\partial m}{\partial w}=-\frac{\partial G/\partial w}{\partial G/\partial m}>0. \tag{8.18}$$

したがって，技術の格差（p_N），相手国の汚染に対する不効用の程度（B_2），両国における一人当たりの資本ストック（k_S, k_N），および発展途上国であるＳ国の人口（L_S）が高い値を取っているときほど，先進国であるＮ国の一人当たりの助成額もより高い値をとることがわかる．

このことに対する直観的な含意は次のようになる．p_N, k_N が高いときには，先進国の一人当たりの産出量もまた多くなる．この場合には，先進国には資金供給を行う余裕もまた大きくなるため，より多くの助成をすることが可能となるのである．k_S, L_S が高い値を取っているときには，発展途上国から出される汚染は多くなる．また，B_2 の値が高い場合には，発展途上国から排出される汚染から被る不効用もまた大きくなる．したがって，より多くの助成を行い，発展途上国から排出される汚染を減少させることによって，厚生水準を改善することが可能となる．

8.2.4　国際的な協調がなされるための諸条件

前項では，国際的な協調によって先進国（Ｎ国），発展途上国（Ｓ国）両国の効用が上昇するということが明らかになった．しかし，このような国際的な協調が実際に機能するかどうかについては議論されてこなかった．本項

では，前項で検討された国際的な協調が適切に機能するための諸条件について考察しよう。各国がどのような行動をとったかは完全に観察可能であるものとする。

第1に問題となるのは，S国が実際に(8.13)という水準で生産を実現するのかということである。これまでの議論では，N国における助成額 m に依存して，S国の汚染に対する規制水準 z_S が一意に決定し，S国はその水準で生産活動を行うと仮定されてきた。しかし，S国が z_S を変化させる，つまり国際的な協調を行うという契約を破ることによって，自国の効用を上昇させることができるのであれば，S国にはそれを破るようなインセンティブが存在することになる。N国が前項で求められた最適な助成を行ったときにもS国が z_S を自由に選択できるものとすると k_S が十分小さいときには，$z_S=1$ となることがわかる。すなわち，たとえ国際的な協調が実施されたとしても，S国にとってはそれを破るようなインセンティブが常に存在するのである。

次に問題となるのはN国の助成政策である。発展途上国であるS国が前項で示唆されたような国際的な協調から逸脱する可能性があるということをN国が知っているものとしよう。そのような状況では，助成政策を行うことによりN国の効用が減少するのは明らかであるので，前項で提示されたような国際的な協調は決してなされることはないであろう[3]。いま，先進国と発展途上国の両国が m, z_S を選択できるものと仮定する。そして，N国が戦略として $m=0$, m^* を，S国が戦略として $z_S=z_S(m^*)$, 1 をとることができるものとする。これらの両国の戦略としてもたらされる結果は，2×2のマトリックスでもたらされている（図8.1を参照せよ）。

図8.1において，8.2.2におげる「国際的な協調がないケース」で成立する均衡値，(U_N^*, U_S^*) は囚人のジレンマの状況におけるナッシュ均衡解となっていることがわかる。つまり，8.2.3で指摘された「国際的な協調がなされる」ときの値 (U_N^{**}, U_S^{**}) はともに (U_N^*, U_S^*) よりも高いものに

---

[3] ここでも，z_N は国際的な協調がなされなかったときと同じ水準をとるものと仮定することにする。

図 8.1 国際的な罰金制度が存在しないときの各国のそれぞれの戦略に付随する効用水準
(ただし, $U_i^A > U_i^{**} > U_i^* > U_i^B$ という関係がある。)

		S国	
		$z_S = z_S(m^*)$	$z_S = 1$
N国	$m = m^*$	U_S^{**} , U_N^{**}	U_S^A , U_N^B
	$m = 0$	U_S^B , U_N^A	U_S^* , U_N^*

図 8.2 国際的な罰金制度を伴うときの各国のそれぞれの戦略に付随する効用水準
(ただし, $U_i^{**} > U_i^C > U_i^B > U_i^D$ もしくは $U_i^{**} > U_i^B > U_i^C > U_i^D$ という関係がある。)

		S国	
		$z_S = z_S(m^*)$	$z_S = 1$
N国	$m = m^*$	U_S^{**} , U_N^{**}	U_S^C , U_N^B
	$m = 0$	U_S^B , U_N^C	U_S^D , U_N^D

なっているにもかかわらず, このゲームにおけるナッシュ均衡で選ばれる値は (U_N^*, U_S^*) である。したがって, 国際的な協調が適切に機能した場合には, 両国ともより高い効用水準が達成できるにもかかわらず, 実際に達成されるのは (協調しない, 協調しない) という戦略と両国におけるより低い効用水準となるのである。

したがって, このようなジレンマを回避する方策を考えなければならない。1つの方法は, 国際的な罰金制度の確立がある。一例として, N国において

$m=0$ としたとき,あるいはS国において $z_S=1$ が選択されたとき,両国がそれぞれ「罰金」を支払うような制度を作ることがあげられるであろう。罰金の額は $m=0$, $z_S=1$ とするよりも $m=m^*$, $z_S=z_S(m^*)$ を選択したほうが効用が高くなるような額であればよい。極端なケースとしては,各国においてその総産出量すべてを支払わなければならないように設定することもできる。そのときのN国,S国における効用水準は図8.2のようになる。このような国際的な罰金制度が適切に機能すれば,両国はS国の汚染を減少させるような国際的な協調によって,自国の効用を上昇させるような政策を行うであろう。

8.3 動学による分析

前節では,汚染が国境を越えて相手国の厚生水準にも負の影響を与えるような状況を検討した。本節では,前節のモデルを動学モデルへ拡張することを試みる。まず,8.3.1で動学モデルの基本的な枠組みを述べ,8.3.2で各国が相手国の行動を所与として自らの行動を決定するような状況を考察する。8.3.3では国際的な協調を導入し各国における厚生水準の変化を分析する。8.3.4ではそのような協調がなされるための諸条件について求めることにしよう。

8.3.1 基本モデル

世界は以前と同じように2国から構成されているものとする。両国の最終生産物,排出物の生産関数は前節と同様に定義する。ただし,本節においては資本ストックや汚染に対する規制水準などの経済変数は通時的に変化しうるものとする。資本の蓄積方程式として以下の関係が成立する。

$$\dot{k}_i(t) = p_i A k_i(t) z_i(t) - c_i(t). \tag{8.19}$$

ただし,本章においても資本の減耗はないと仮定する。また (t) は t 期における水準を表す。

次に消費者について規定する。i 国（$i=$N, S）における代表的個人の t 期における瞬時的な効用，$U_i(t)$ を次のように定式化することにする。

$$U_i(t)=\frac{c_i(t)^{1-\sigma}-1}{1-\sigma}-(B_1D_i(t)+B_2D_j(t)). \tag{8.20}$$

ただし，$c_i(t)$ は i 国の一人当たりの消費水準，$k_i(t)$ は i 国の一人当たりの資本ストックである。したがって，i 国における代表的個人の目的関数は次のようになる。

$$W_i=\int_0^\infty e^{-\rho t}\left[\frac{c_i(t)^{1-\sigma}-1}{1-\sigma}-(B_1D_i(t)+B_2D_j(t))\right]dt. \tag{8.21}$$

ただし，$\rho(>0)$ は主観的割引率である。

8.3.2 国際的な協調が存在しないケース

本項では，国際的な協調が存在しない場合の各国の行動について検討することにしよう。静学モデルと同じように社会的計画者の問題を考察する。国際的な協調が存在しないので，各国の社会的計画者は相手国の行動を所与として行動するであろう。つまり，社会的計画者は，蓄積方程式(8.19)の制約のもとで，(8.21)を最大にするような消費および汚染に対する規制水準の時間経路 $c_i(t)$，$z_i(t)(t\geq 0)$ を選択する。ここで，$k_i(0)=k_{i0}$ は所与である。カレント・バリュー・ハミルトニアンは次のように設定される。

$$\mathscr{H}=\frac{c_i^{1-\sigma}-1}{1-\sigma}-(B_1Ak_iL_iz_i^\beta+B_2D_j(t))+\mu_i(p_iAk_iz_i-c_i). \tag{8.22}$$

ただし，μ_i は i 国における資本のシャドー・プライスである。

最大化のための条件として以下の関係が成立する。

$$\frac{\partial \mathscr{H}}{\partial c_i}=0 \Rightarrow c_i(t)^{-\sigma}=\mu_i(t), \tag{8.23}$$

$$\frac{\partial \mathscr{H}}{\partial z_i}\geq 0 \Rightarrow z_i(t)=\begin{cases}1 & (\mu_i(t)\geq \frac{\beta B_1 L_i}{p_i} \text{ のとき}), \\ \left(\frac{\mu_i(t)p_i}{\beta B_1 L_i}\right)^{\frac{1}{\beta-1}} & (\mu_i(t)< \frac{\beta B_1 L_i}{p_i} \text{ のとき}),\end{cases} \tag{8.24}$$

$$\dot{\mu}_i - \rho\mu_i = -\frac{\partial \mathcal{H}}{\partial k_i} \Rightarrow$$

$$\dot{\mu}_i(t) = \begin{cases} \rho\mu_i(t) - p_i A \mu_i(t)(1 - \frac{B_i L_i}{p_i \mu_i(t)}) & (z_i(t)=1 \text{ のとき}), \\ \rho\mu_i(t) - \frac{\beta-1}{\beta} p_i A z_i(t) \mu_i(t) & (z_i(t)<1 \text{ のとき}). \end{cases} \quad (8.25)$$

横断性条件は次のようになる。

$$\lim_{t \to \infty} e^{-\rho t} \mu_i(t) k_i(t) = 0. \quad (8.26)$$

いま，初期の資本ストック k_{i0} がその定常状態値より小さい値から出発するものとする。また，$\frac{p_i A}{\beta} < p_i A - \rho$ を仮定しよう。この不等式は，定常状態において，z_i が1より小となる条件である。このとき，$k_i(t)$ は通時的に上昇し，$\mu_i(t)$ は減少する。この証明は，第4章の AK モデルのケースとまったく同じ方法でなされる。また定常状態は鞍点となることもわかるであろう。

$z_i(t)$ は初期の段階では1であるが，ある時期を越えると $\mu_i(t) < \frac{\beta B_i L_i}{p_i}$ となり，$z_i(t)<1$ となる。その後，z_i は通時的に減少していき $z_i(t)=z_{iss}$ へ収束していく。ただし，下添え字 iss は i 国の定常状態における水準を表すことにする。

消費水準，$c_i(t)$ の動学的挙動についても考察することにしよう。$g_{c_i} = -\frac{1}{\sigma} g_{\mu_i}$ であるので，$c_i(t)$ は通時的に上昇するが，長期的な成長率は0となり，定常状態における水準（c_{iss}）に収束していく。

最後に，汚染水準 $D_i(t)$ について検討することにする。$z_i(t)=1$ の範囲では，汚染水準は資本ストックとともに増加していく。$z_i(t)<1$ の範囲では，σ が十分に大きいときには，排出水準が通時的に減少していき定常状態値へと収束する[4]。

8.3.3 国際的な協調を伴うケース

本項では，国際的な協調がなされるときの各国の行動について考察するこ

4）これらの点については，第4章における類似したモデルにおける議論を参照せよ。

とにする。主として，そのような協調によって，前項で検討されたナッシュ均衡経路を改善できるのかどうかについて検討する。また，$z_N(0)<1$，$z_S(0)=1$ということを仮定する。すなわち，初期時点においてN国は先進国であり，S国は発展途上国である。

静学モデルのときと同様，z_Sは先進国の助成額に依存するものとする。各国の目的関数は再び(8.21)である。両国の蓄積方程式は次のように表すことができる。

$$\dot{k}_N(t)=p_N A k_N(t) z_N(t) - c_N(t) - m(t), \tag{8.27}$$

$$\dot{k}_S(t)=A k_S(t) z_S(t) - c_S(t) + \frac{L_N m(t)}{L_S}. \tag{8.28}$$

ただし，$m(t)$はt期におけるN国一人当たりのS国に対する助成額であり，$z_S(t)$は$m(t)$に依存しているものとする。(8.27)はN国における生産物が資本蓄積と消費だけではなくS国に対する助成にも用いられるということを意味している。(8.28)はS国の居住者一人当たり$\frac{L_N m(t)}{L_S}$という額をN国から受け取るということを意味している。

本項で検討するのは，前項よりもパレート改善できるかどうかである。よって，議論の簡単化のために，$k_N(t)$，$z_N(t)$，$k_S(t)$，$c_S(t)$が前項と同じ経路をたどるものとしよう。より一般的には，新しくこれらの経路が決まると考えた方が妥当であろう。しかしながらこの場合，分析はより複雑となる。例えば，N国における一人当たりの資本ストックの定常状態値は，協調以前より高い値を取る傾向がある。そのような場合は，N国における排出量も増加する傾向がある。ここでは，上記の各変数の経路を国際的な協調が存在しなかったときとまったく同じにした上で，パレート改善を果たしうるかどうかを検討する。

このような仮定のもとでは，N国は協調がなされなかったときの消費量を自国の消費分とS国に対する援助に振り分けることになる。一方，S国は助成の見返りとしてより汚染に対する規制を行い，より低い値のz_Sを選択するものとしよう。国際的な協調がなされた場合には，($z_S^*=1$の範囲におけ

る各 t において）次の関係が成立するものとする．また，以下では記号の簡略化のために時間（t）は省略する．

$$Ak_S^* = Ak_S^* z_S + \frac{L_N m}{L_S}. \tag{8.29}$$

ただし，アスタリスクは国際的な協調が存在しなかったときの最適経路に付随する水準を表す．(8.29)の左辺は協調がなされなかったときの t 期における S 国の産出量である．右辺の第 1 項は協調がなされたときの S 国の産出量，第 2 項は N 国からの援助額である．(8.29)は協調がなされたとき，各期において協調が存在しない場合の S 国の産出量が保証されることを意味している．(8.29)は，動学モデルにおける N 国の助成額と S 国の排出物削減に関する契約内容とみなすことができるであろう．(8.29)がみたされているとき，$m(t) > 0$ となるような t が存在するならば，S 国の厚生水準が上昇することは明らかである．なぜならば，N 国の排出量と S 国の消費水準の経路は協調以前と同じ経路をたどるが，S 国の t 期における排出量は減少するからである．

次に，N 国について検討することにしよう．$k_N(t)$, $z_N(t)$ は協調が存在しないときと同じ経路をとるものと仮定されている．発展途上国の汚染を削減するための補助金を与えるので，N 国の消費水準は $c_N^* - m$ となる．(8.29)より z_S は以下の関係をみたす．

$$z_S = 1 - \frac{L_N m}{Ak_S^* L_S}. \tag{8.30}$$

前節と同様の議論によって，m が $\frac{Ak_S^* L_S}{L_N}$ を超えることはない．また，本節では m が c_N^* よりも小であるという制約も意味をもつことに注意しよう．効用を上昇させるためには，N 国が各期において自国の効用を最大化するような $m(t)$ を選択すると考えればよいであろう．このような問題を考えるとき，N 国は（$z_S^*(t) = 1$ をみたす）各期において次式を最大化する．

$$\frac{(c_N^* - m)^{1-\sigma} - 1}{1 - \sigma} - B_1 A K_N^* z_N^{*\beta} - B_2 A K_S^* \left[1 - \frac{L_N m}{Ak_S^* L_S}\right]^\beta. \tag{8.31}$$

ここで最適な助成額を求めるために上式を m で微分すると次のようになる．

$$\frac{dU_N}{dm} = \beta B_2 L_N (1 - L_N m / A k_S^* L_S)^{\beta-1} - (c_N^* - m)^{-\sigma}. \tag{8.32}$$

また，$\frac{d^2 U_N}{dm^2} < 0$ であることは容易にわかる。

(8.32) を $m=0$ で評価すると次のようになる。

$$dU_N/dm\Big|_{m=0} = \beta B_2 L_N - (c_N^*)^{-\sigma} > 0. \tag{8.33}$$

ここでの符号判定においては前項における $z_N < 1$ のときの条件が用いられていることに注意しよう[5]。

$c_N^* > \frac{A k_S^* L_S}{L_N}$ であるときには，m の制約は $0 < m < \frac{A k_S^* L_S}{L_N}$ となる。このとき，$m = \frac{A k_S^* L_S}{L_N}$ で評価すると次のようになる。

$$dU_N/dm\Big|_{m=\frac{A k_S^* L_S}{L_N}} = -\left[c_N^* - \frac{A k_S^* L_S}{L_N}\right]^{-\sigma} < 0. \tag{8.34}$$

$c_N^* < \frac{A k_S^* L_S}{L_N}$ であるときには，m の制約は $0 < m < c_N^*$ となる。このとき，$m = c_N^*$ で評価すると明らかに

$$dU_N/dm\Big|_{m=c_N^*} < 0 \tag{8.35}$$

となる。したがって，唯一の助成水準 $m^*(t)$ は必ず内点解として存在することがわかる。

このような協調が適切に機能するとき，$z_S^*(t) = 1$ をみたしているような各 t において $m^*(t)$ という額を助成することによって，N国は自国の（瞬時的）効用を各期において，常に上昇させることができる。したがって，国際的な協調が適切に機能した場合には各期においてN国の効用は上昇することになる。

$z_S < 1$ のときには μ_S が十分大きいとき，国際的な協調がN，S両国の効用を上昇させるということも示すことができる。しかしながら，本書で焦点

---

5) $p_N > \frac{B_1}{B_2}$ より，

$$\beta B_2 L_N > \beta \frac{B_1}{p_N} L_N > \mu_N^* = (c_N^*)^{-\sigma}$$

となる。

が当てられるのは，先進国と発展途上国との国際的な協調であるので，本文ではあえてそのことは述べない。少なくてもS国が発展途上国であるときに，先進国と発展途上国の国際的な協調が両国における効用流列の現在価値の総和を上昇させることができることを証明するだけで十分であろう。

以上の議論よりN国，S国両国とも，たとえ自国の資本の蓄積経路を変化させなくても，所得移転を通した国際的な協調によって，いずれも自国の効用を上昇させることができるということがわかる。

8.3.4　国際的な協調がなされるための諸条件

本項では，動学モデルにおいて，協調がなされるための諸条件について検討することにしよう。基本的には8.2.4でもたらされたものと同じである。動学モデルにおいては，協調から逸脱した場合，例えば（十分大きな）資本没収がなされるというような制度を構築することがその解決策となる[6]。

8.4　市場経済における汚染の外部性と国際的な環境政策

本節では，排出許可証を導入して分析を行うことにする。前半部分で，排出許可証制度でも前節の国際的な協調が存在しないケースとまったく同じ状態が達成できるということを確認する。後半部分では，前節の国際的な協調が存在する場合との比較を行う。国際的な協調が存在しないケースを考えることにしよう。基本的には第4章で検討されたケースと同じである。ここでは，再度各経済主体の行動を記述しておく。

各国の家計は(8.21)で表されるような選好をもっている。各々が資本を所有しており，それを企業に貸し利子を受け取る。また，企業で生じる利潤も最終的には家計に分配される。家計が企業の株式を所有していると考えるとよい。家計は，利子率，排出水準，および企業の利潤を所与として自らの効用を最大化するように消費と貯蓄に関する意思決定を行う。

---

[6] 再び表8.3，8.4を参照せよ。ただし，このときの図8.1，8.2における各 U は，効用流列の現在価値の総和である W によって読み替えられなければならない。

各国の政府は排出許可証を各企業に配分する。排出許可証の国内的な市場については認めるが,国際的な市場は確立されていないものとしよう。政府は,総排出量が前節における協調がないケースにおける社会的な最適化を満足させるように,排出許可証の配分量を調整しなければならない。

各国の企業は,(政府によって割り当てられた)排出許可証の価格(τ_i),利子率(r_i)を所与として,各期において利潤最大化のための静学問題を解く。i 国における企業の利潤を Π_i で表すと,その利潤関数は次のようになる。

$$\Pi_i = p_i(AK_i)^{\frac{\beta-1}{\beta}} D_i^{\frac{1}{\beta}} - r_i K_i - \tau_i(D_i - D_i^*). \tag{8.36}$$

ただし,D_i^* は政府が最適な排出量に対応する排出許可証を供給していることを意味している。

利潤最大化のための一階の条件を市場均衡の点で評価すると,以下のようになる。

$$\tau_i \leq \frac{1}{\beta} \frac{Y_i^*}{D_i^*}, \tag{8.37}$$

$$r_i \geq \frac{\beta-1}{\beta} \frac{Y_i^*}{D_i^*}. \tag{8.38}$$

ただし,$z_i < 1$ のときにはそれぞれ等号が成立する。また,生産関数の一次同次性から次の関係が成立する。

$$r_i K_i + \tau_i D_i^* = p_i(AK_i)^{\frac{\beta-1}{\beta}} D_i^{*\frac{1}{\beta}}. \tag{8.39}$$

再び,家計について述べる。i 国における家計の資産の蓄積方程式は次のようになる。

$$\dot{a}_i = r_i a_i + \Pi_i - c_i. \tag{8.40}$$

ただし,$a_i(0) = a_{i0}$ は所与である。カレント・バリュー・ハミルトニアンは次のようになる。

$$\mathscr{H} = \frac{c_i^{1-\sigma}-1}{1-\sigma} - (B_1 D_i(t) + B_2 D_j(t)) + \nu_i(r_i(t)a_i + \Pi_i(t) - c_i). \tag{8.41}$$

ただし，ν_i は i 国における所得のシャドー・プライスである．最大化のための条件は次の関係をみたす．

$$\frac{\partial \mathscr{H}}{\partial c_i} = 0 \Rightarrow c_i^{-\sigma} = \nu_i, \tag{8.42}$$

$$\dot{\nu}_i - \rho \nu_i = -\frac{\partial \mathscr{H}}{\partial a} \Rightarrow \frac{\dot{\nu}_i}{\nu_i} = \rho - r_i. \tag{8.43}$$

横断性条件は次のようになる．

$$\lim_{t \to \infty} \nu_i a_i = 0. \tag{8.44}$$

これが，8.3.2 で検討された（協調が存在しない場合の各国における）社会的な最適経路をみたすとき，利子率と排出許可証の価格は以下の式で表される．

$$r_i^* = \begin{cases} p_i A(1 - \frac{B_1 L_i}{p_i \mu_i}) & (z_i^* = 1 \text{ のとき}), \\ \frac{\beta-1}{\beta} p_i A z_i^* & (z_i^* < 1 \text{ のとき}), \end{cases} \tag{8.45}$$

$$\tau_i^* = \begin{cases} \frac{B_1 L_i}{\mu_i} & (z_i^* = 1 \text{ のとき}), \\ \frac{z_i^{*1-\beta}}{\beta} & (z_i^* < 1 \text{ のとき}). \end{cases} \tag{8.46}$$

ここで，前節で検討されたようなN，S国両国の国際的な協調の場合と比較することにしよう．前節で検討されたような国際的な協調が行われた場合の排出物削減量（$AK_S^* - AK_S z_S(m^*)^\beta$）を $\tilde{D}$ で表すことにする．このケースにおいても同量の排出物削減がなされると仮定すると，次の関係が成立する．

$$Ak_S^* L_S = Ak_S^* L_S z_S(m^*) + \delta \tilde{D}. \tag{8.47}$$

ただし，δ はN国の（実質的な）S国の排出許可証買い取り価格である．そして，$z_S(m^*)$ は，N国がS国の排出許可証の一部を買い取った後のS国の省エネ水準を表している．$\tilde{D}$ の定義を用いて，この式を δ について解くと

次のようになる。

$$\delta = \frac{1-z_S(m^*)}{1-z_S(m^*)^\beta}. \qquad (8.48)$$

S国における排出許可証の価格は，$z_S^*=1$ のとき，$\frac{B_1 L_S}{\mu_S}(<\frac{1}{\beta})$ である。$0<z_S(m^*)<1$ に注意すると

$$\frac{1-z_S(m^*)}{1-z_S(m^*)^\beta} > \frac{1}{\beta} > \frac{B_1 L_S}{\mu_S} \qquad (8.49)$$

となる。(8.49)の初めの不等式は

$$z_S(m^*)^\beta + \beta(1-z_S(m^*)) - 1 > 0$$

と書きかえることができる。この不等式の左辺は $0 \leq z_S(m^*) \leq 1$ の範囲で単調減少であり，この範囲内での最小値は $z_S(m^*)=1$ のとき 0 となる。この不等式は $0<z_S(m^*)<1$ の範囲において常に成立することがわかる。したがって，$\delta>\tau_S$ である。このことから前節の国際的な協調を検討した際にもたらされた帰結は，各期において，N国が通常の市場価格よりも高い価格でS国の排出許可証を購入しているとみなすこともできる。

国際間での排出許可証の売買が存在しないような状況においては，各国は 8.3.2 における「協調がないケース」と同じ経路をたどる。N国がS国の排出許可証をより高い価格で買い取るとき，τ_S をS国の消費を保証するものとして，価格差（$\delta-\tau_S$）を排出物削減を促すようなものとしてみなすこともできるであろう。

8.5 おわりに

我々が21世紀における持続可能な発展を考えるときに，地球規模での環境問題を経済分析に取り込むことは不可欠であろう。本章では，そのような観点から，先進国と発展途上国の2国モデルを用いてグローバル経済における環境と経済成長の問題について分析してきた。

2節では，静学モデルを用いて分析を行った。相手の国の行動を所与とし

て各国が自国の代表的個人の効用最大化を行った場合には，一人当たりの資本ストックと排出量との間には逆U字の関係があるという結果を得ることができた。次に，発展途上国の汚染を減少させるような国際的な協調を行うことによって，国際的な協調が存在しない状況におけるナッシュ均衡解をさらに改善しうることを見いだした。しかしながら，両国は常にそのような協調から逸脱するインセンティブをもつので，国際的な協調が適切に機能するためには，逸脱した国に「罰金」を課すような制度を確立し，各国に対して逸脱するようなインセンティブを与えない必要があるという帰結が得られた。

3節では，2節で行った静学モデルを動学モデルへと拡張した。第1に，相手国との協調が存在しないケースを検討した。両国がともに代表的個人の無限時間視野期間にわたる効用の最大化を行った場合には，経済は唯一の定常状態へと収束することと，経済がある一定以上に発展すると汚染に対する規制や省エネ活動がなされるため，汚染量が減少しうることを確認した。その後，先進国が資金援助を行い，発展途上国がそれに応じて自国の汚染を減少させるような国際的な協調によって，両国の厚生が上昇すること，国際的な協調が適切に機能するためには，静学モデルのときと同様に「罰金」を課すような制度が必要であるという帰結を得ることができた。

4節では，市場経済に排出許可証制度を導入して動学分析を行った。そこでは，相手国の行動を所与として，自国の代表的個人の効用最大化を行う場合には，排出許可証システムを確立することによって，3節におけるナッシュ均衡経路とまったく同じ厚生水準を達成できるという結論を得ることができた。その後，先進国が発展途上国に資金援助をするようなケースを考え，3節との比較を行った。3節における資金援助は，4節において先進国が発展途上国の排出許可証を発展途上国における市場価格よりも高い価格で買い取っているものと解釈されうるという興味深い結果を得ることができた。

8.6 補論：不等式の証明

本節の目的は(8.16)の不等式が成立することの証明である。(8.16)の不等

式を変形すると次のようになる。

$$(\beta B_2 L_N)^{-\frac{1}{\sigma}} < p_N A k_N z_N^*. \tag{8.50}$$

ここで，左辺 $= p_N^{\frac{\sigma-1}{\sigma}} A k_{N\delta} (\frac{B_2}{B_1})^{-\frac{1}{\sigma}}$ である。仮定より，$p_N > \frac{B_1}{B_2}$ であるので，

$$\left[\frac{p_N B_2}{B_1}\right]^{-\frac{1}{\sigma}} < 1$$

であることに注意すると，(8.50)の左辺は $p_N A k_{N\delta}$ よりも小となる。したがって，

$$(\beta B_2 L_N)^{-\frac{1}{\sigma}} < p_N A k_{N\delta} < p_N A k_N z_N^* \tag{8.51}$$

という関係が成立するので，不等式(8.50)は成立する。

第9章

汚染ストックを伴うモデル

9.1 はじめに

　第4章から第8章において検討されたモデルでは，環境汚染のフローが厚生水準に影響を与えると仮定されてきた。現実には，環境水準はこれまでに排出されてきた汚染にもまた依存しているかもしれない。例えば，水質汚濁や大気汚染等の問題を考えると，これまでに湖，海，大気中等に堆積してきた汚染物は現在の水質や大気の状態に影響を与えるであろう。このような事実を反映させるために，本章では汚染が蓄積可能であり，蓄積された汚染のストックが厚生水準に対して負の影響を与えるようなモデルを構築することにしよう。

　2節では外生的な技術進歩を伴うようなモデルを考察する。第4章のStokeyモデルでは汚染のフロー量が厚生水準に影響を与えるようなモデルが検討された。ここでは第4章（特に，4.2.3）のモデルを汚染のストック量が厚生水準に影響を与えるようなモデルへと拡張する。3節では，第2章や第5章で検討されたものと類似したモデルを検討する。イノベーションは中間財の数を増加させるようなものとして定義される。消費者は，財の消費からプラスの効用を得る一方，汚染のストック量から不効用を被る。4節では，第3章や第6章で考察された品質上昇モデルに対して，汚染ストックの外部性が組み込まれる。汚染のストックが導入されたことを除くと，モデルの基本的な構造はこれまでに検討してきたモデルと類似している。結果もまた，多くの点で類似していることがわかるであろう。

9.2 蓄積可能な汚染を伴うモデル

まずは外生的な技術進歩を伴うようなモデルを検討することにしよう。モデルの基本的な構造は 4.2.3 で行ったものと類似している。生産関数，汚染の排出過程を表す関数を次のように設定する。

$$Y(t) = Ae^{gt}K(t)^{\alpha}L^{1-\alpha}z(t), \tag{9.1}$$

$$D(t) = Ae^{gt}K(t)^{\alpha}L^{1-\alpha}z(t)^{\beta}. \tag{9.2}$$

ただし，$Y(t)$，A，$K(t)$，α はそれぞれ最終財の産出量，生産性のパラメータ，資本ストック量，および弾力性を表すパラメータである。$z(t)(z(t) \in [0,1])$ は本章においても汚染に対する規制水準である。$g(g>0)$ は外生的な技術進歩率である。また β はパラメータである。これまでと同様 $\beta > 1$ というパラメータ制約を課す。また L は経済全体での労働の総供給量である。本章においても L 人の個人が存在し，各人が 1 単位の労働を保持しているものとする。代表的消費者の目的関数を以下のように設定することにしよう。

$$U = \int_0^{\infty} e^{-\rho t}\left[\frac{c(t)^{1-\sigma}-1}{1-\sigma} - BS(t)^{\gamma}\right]dt. \tag{9.3}$$

ただし，ρ，$c(t)$，σ はそれぞれ，主観的割引率，一人当たりの消費水準，消費部門における異時点間の代替の弾力性の逆数である。B，γ は環境汚染からどの程度被害を受けるのかを表すパラメータである。$S(t)$ は経済における汚染ストックの水準である。第 4 章から第 8 章のモデルとは異なり，本章では汚染のフローではなくストックが厚生水準に影響を与える。この汚染のストックは以下のような式にしたがって通時的に変化するものとする。

$$\dot{S}(t) = D(t) - \eta S(t). \tag{9.4}$$

ただし，$D(t)$ は瞬時的な汚染の排出量である。η は汚染の除去割合であり，$0 < \eta \leq 1$ とする。(9.4)の第 1 項は汚染の排出によって汚染のストックが増

加することを，第2項は汚染ストックのある一定割合が自然の再生能力等によって減少することを意味している。

資本の蓄積方程式は次のようになる。

$$\dot{K}(t) = Ae^{gt}K(t)^{\alpha}L^{1-\alpha}z(t) - c(t)L. \tag{9.5}$$

社会的計画者の問題に焦点を当てることにしよう。ここでの問題は (9.4)，(9.5)，および資本ストックと汚染ストックという2つの状態変数の初期値 K_0，S_0 を所与として，(9.3) を最大にするものとなる。本章におけるカレント・バリュー・ハミルトニアンは次のようになる。

$$\mathscr{H} = \frac{c^{1-\sigma}-1}{1-\sigma} - BS^{\gamma} + \mu_1(Ae^{gt}K^{\alpha}L^{1-\alpha}z - cL) - \mu_3(Ae^{gt}K^{\alpha}L^{1-\alpha}z^{\beta} - \eta S). \tag{9.6}$$

ただし，μ_1，$-\mu_3$ はそれぞれ資本ストック，汚染ストックのシャドー・プライスである[1]。最大化のための条件として以下の関係が成立する。

$$\frac{\partial \mathscr{H}}{\partial c} = 0 \Rightarrow c(t)^{-\sigma} = \mu_1(t)L, \tag{9.7}$$

$$\frac{\partial \mathscr{H}}{\partial z} \geq 0 \Rightarrow z(t) = \begin{cases} 1 & \left(\frac{\mu_1(t)}{\mu_3(t)\beta} \geq 1 \text{ のとき}\right), \\ \left(\frac{\mu_1(t)}{\mu_3(t)\beta}\right)^{\frac{1}{\beta-1}} & \left(\frac{\mu_1(t)}{\mu_3(t)\beta} < 1 \text{ のとき}\right), \end{cases} \tag{9.8}$$

$$\dot{\mu}_1 - \rho\mu_1 = -\frac{\partial \mathscr{H}}{\partial K} \Rightarrow -\frac{\dot{\mu}_1(t)}{\mu_1(t)} = \begin{cases} \alpha\left[1 - \frac{\mu_3(t)}{\mu_1(t)}\right]\frac{Y(t)}{K(t)} - \rho & (z(t) = 1 \text{ のとき}), \\ \alpha\left(\frac{\beta-1}{\beta}\right)\frac{Y(t)}{K(t)} - \rho & (z(t) < 1 \text{ のとき}), \end{cases} \tag{9.9}$$

$$-\dot{\mu}_3 - \rho(-\mu_3) = -\frac{\partial \mathscr{H}}{\partial S} \Rightarrow \frac{\dot{\mu}_3(t)}{\mu_3(t)} = \rho - \frac{B\gamma S(t)^{\gamma-1}}{\mu_3(t)} + \eta. \tag{9.10}$$

横断性条件は次のようになる。

$$\lim_{t \to \infty} e^{-\rho t}\mu_1(t)K(t) = 0, \tag{9.11}$$

---

1) 汚染ストックは厚生水準に対して負の影響をもつためそのシャドー・プライスは負となるであろう。そこで $\mu_3 > 0$ とするために，$-\mu_3$ を汚染ストックのシャドー・プライスとする。

$$\lim_{t \to \infty} e^{-\rho t} \mu_3(t) S(t) = 0. \tag{9.12}$$

ここでは上記の条件がすべてみたされ,なおかつすべての変数が一定の率で成長するような定常状態に焦点を当てることにしよう。定常状態における Y,K,C 共通の成長率は次のようになる。

$$g_Y^* = \frac{\gamma(\beta-1)g}{\gamma(\beta-1)(1-\alpha)+(\sigma+\gamma-1)}. \tag{9.13}$$

汚染の変化率は

$$g_S^* = g_D^* = \frac{1-\sigma}{\gamma} g_Y^* \tag{9.14}$$

となる[2]。したがって,$\sigma > 1$ のとき,かつそのときに限り汚染は長期的に減少することになる。これは,これまでに導出された環境クズネッツ曲線の右下がりの部分に対応しているものとみなすことができるであろう。第4章において汚染のフローが厚生水準に影響を与えていた外生的技術進歩を伴うモデルにおいて導出された成長率と(9.13)が等しくなっていることに注意しよう。さらに長期的な経済成長率と汚染が負の相関をもつ条件が $\sigma > 1$ であるということもこれまでの帰結と同様である。第4章の外生的な技術進歩を伴うモデルで検討されたケースは瞬時的に汚染のストックがすべて瞬時的に除去される $\eta = 1$ という特殊ケースである。本節のモデルでは η が成長率に影響を及ぼさないことに注意しよう。このことは,厚生水準に影響を及ぼすのが汚染のフローであるかストックであるかという相違が,長期的な経済成長率や汚染と成長率の関係等の本モデルにおける主要な帰結とは関係がないということを意味している[3]。このことをよりはっきりさせるために,第5章と第6章を再び参照してみよう。第5章や第6章の環境保護への投資を行うモデルにおいて,長期的には資本ストックと同率で成長する環境保護への投

---

2) 成長率の導出については補論を参照せよ。
3) ただし,汚染をストックで評価するかフローで評価するかということは,(9.3)で与えられた厚生水準には影響を与えることになるであろう。
4) 第2章と第5章,第3章と第6章を参照せよ。

資水準 M の存在が成長率に対して影響を与えなかったように[4]，ここでは，S と等しい率で成長する ηS（したがって η）の存在は経済成長率にまったく影響を及ぼさないのである[5]。

9.3 技術進歩が内生的である場合

9.3.1 基本モデル

前節では，汚染のストックが厚生水準に影響を与えるようなモデルが構築された。そこにおける1つの問題点は，技術進歩が外生的に与えられていたという点である。本節では，技術進歩を内生化することを試みることにしよう。中間財の数の増加という形でイノベーションが生じるようなモデルを検討する。次節では中間財の品質上昇に焦点を当てることにする。

まずは本節で検討するモデルを規定する。厚生水準に影響を及ぼすものが汚染のフローではなくストックであるという点を除けば，モデルの基本的な構造は第5章のものと同じである。特に断りのない場合には，各変数は前節と同じものを表す。

最終財部門から検討することにしよう。最終財は同質であり消費もしくは物的資本を蓄積する投資に用いられる。第5章同様，最終財部門における生産関数を以下のように設定する。

$$Y(t)=AK(t)^{\alpha}Q(t)^{1-\alpha}z(t). \tag{9.15}$$

ただし，$Q(t)$ は中間財の指標である。本節では第2章や第5章と同様バラエティー拡大型のR&Dが生じるよう状況を考える。すなわち，$Q(t)$ を以下のように設定する。

---

5) Stokey (1998) は，本章のモデルを資本減耗を伴うような状況で考察している。そして，資本減耗率を δ とすると，資本ストック K と同一の率で成長する δK（したがって δ）はまったく成長率に影響を及ぼさないことを明らかにしている。状態変数 ϕ の蓄積方程式に対して長期的に ϕ に比例する変数が加えられたとしても，定常状態における各変数の比率には影響を及ぼすが，成長率には影響を与えない傾向がある。

$$Q(t) = \left[\int_0^{n(t)} x_i(t)^\xi di \right]^{\frac{1}{\xi}}. \qquad (9.16)$$

ここで，$n(t)$, $x_i(t)$, $\xi(0<\xi<1)$ はそれぞれ中間財の数，第 i 中間財の投入量，弾力性に関連するパラメータである。

R & D について規定しよう。新しい中間財を発明するためには R & D 部門へ労働を投入し，研究活動を行うことが必要である。R & D 部門における生産関数を次のように定式化する。

$$\dot{n}(t) = \varepsilon n(t) L_R(t). \qquad (9.17)$$

ここで，ε, $L_R(t)$ はそれぞれ R & D 部門における生産性のパラメータ，労働投入量である。

各中間財は労働を唯一の本源的な生産要素として生産される。任意の i ($i \in [0, n(t)]$) に対して，中間財 1 単位を製造するのに労働 1 単位が必要であるものとする。したがって，中間財製造部門における労働需要量，$L_X(t)$ は $\int_0^{n(t)} x_i(t) di (\equiv X(t))$ となる。

消費者の行動について検討しよう。代表的消費者の目的関数を前節同様，次のように設定する。

$$U = \int_0^\infty e^{-\rho t} \left[\frac{c(t)^{1-\sigma}-1}{1-\sigma} - BS(t)^\gamma \right] dt. \qquad (9.18)$$

ただし，$S(t)$ は経済における汚染ストックの水準である。汚染のストックもまた前節同様，以下のような式にしたがって通時的に変化するものとする。

$$\dot{S}(t) = D(t) - \eta S(t). \qquad (9.19)$$

汚染の排出過程を表す関数を以下のように定式化する。

$$D(t) = AK(t)^\alpha \left[\int_0^{n(t)} x_i(t)^\xi di \right]^{\frac{1-\alpha}{\xi}} z(t)^\beta. \qquad (9.20)$$

ただし，$\beta > 1$ である。

社会的計画者の問題は，研究部門における生産関数(9.17)，資本の蓄積方程式

$$\dot{K}(t)=AK(t)^\alpha\left[\int_0^{n(t)}x_i(t)^\varepsilon di\right]^{\frac{1-\alpha}{\varepsilon}}z(t)-C(t), \tag{9.21}$$

労働部門における資源制約条件

$$L_R+L_X=L, \tag{9.22}$$

そして，$L_X(t)=\int_0^{n(t)}x_i(t)di$，および $K(0)=K_0$, $n(0)=n_0$, $S(0)=S_0$ を制約として(9.18)を最大にするものとなる。ただし，$C(t)\equiv c(t)L$ は総消費量である。

第2章や第5章と同様に静学的な問題を解くと，すべての i に対して，$x_i(t)=x(t)$ となる。したがって，$L_x(t)=n(t)x(t)$ である。これらの条件，および(9.17)，(9.22)，(9.21)を用いて労働市場均衡条件を変形すると，次の関係が成立する。

$$\dot{n}(t)=\varepsilon n(t)(L-n(t))x(t), \tag{9.23}$$

$$\dot{K}(t)=AK^\alpha n^{\frac{1-\alpha}{\varepsilon}}x^{1-\alpha}z-cL. \tag{9.24}$$

したがって，この問題における制約式は結局，(9.19)，(9.23)，(9.24)という3つの式に集約できるのである。カレント・バリュー・ハミルトニアンは次のように設定される。

$$\mathscr{H}=\frac{c^{1-\sigma}-1}{1-\sigma}-BS^\gamma+\mu_1(AK^\alpha n^{\frac{1-\alpha}{\varepsilon}}x^{1-\alpha}z-cL)+\mu_2(\varepsilon n(L-nx))$$

$$-\mu_3(AK^\alpha n^{\frac{1-\alpha}{\varepsilon}}x^{1-\alpha}z^\beta-\eta S). \tag{9.25}$$

ただし，x は各中間財の投入量である。また，μ_1, μ_2, $-\mu_3$ はそれぞれ資本ストック，中間財の数，汚染ストックに関するシャドー・プライスである。最大化のための条件として以下の関係が成立する。

$$\frac{\partial\mathscr{H}}{\partial c}=0\Rightarrow c(t)^{-\sigma}=\mu_1(t)L, \tag{9.26}$$

$$\frac{\partial \mathscr{H}}{\partial z} \geq 0 \Rightarrow z(t) = \begin{cases} 1 & \left(\frac{\mu_1(t)}{\mu_3(t)\beta} \geq 1 \text{ のとき}\right), \\ \left(\frac{\mu_1(t)}{\mu_3(t)}\right)^{\frac{1}{\beta-1}} & \left(\frac{\mu_1(t)}{\mu_3(t)\beta} < 1 \text{ のとき}\right), \end{cases} \quad (9.27)$$

$$\frac{\partial \mathscr{H}}{\partial x} = 0 \Rightarrow X(t) = \begin{cases} (1-\alpha)\left[1-\frac{\mu_3(t)}{\mu_1(t)}\right]\frac{Y(t)\mu_1(t)}{\varepsilon\mu_2(t)n(t)} & (z(t)=1 \text{ のとき}), \\ (1-\alpha)\left(\frac{\beta-1}{\beta}\right)\frac{Y(t)\mu_1(t)}{\varepsilon\mu_2(t)n(t)} & (z(t)<1 \text{ のとき}), \end{cases} \quad (9.28)$$

$$\dot{\mu}_1 - \rho\mu_1 = -\frac{\partial \mathscr{H}}{\partial K} \Rightarrow -\frac{\dot{\mu}_1(t)}{\mu_1(t)} = \begin{cases} \alpha\left[1-\frac{\mu_3}{\mu_1(t)}\right]\frac{Y(t)}{K(t)} - \rho & (z(t)=1 \text{ のとき}), \\ \alpha\left(\frac{\beta-1}{\beta}\right)\frac{Y(t)}{K(t)} - \rho & (z(t)<1 \text{ のとき}), \end{cases} \quad (9.29)$$

$$\dot{\mu}_2 - \rho\mu_2 = -\frac{\partial \mathscr{H}}{\partial n} \Rightarrow$$

$$\frac{\dot{\mu}_2(t)}{\mu_2(t)} = \begin{cases} \rho - \frac{1-\alpha}{\xi}\left[1-\frac{\mu_3}{\mu_1(t)}\right]\frac{Y(t)\mu_1(t)}{n(t)\mu_2(t)} - \varepsilon(L-2X(t)) & (z(t)=1 \text{ のとき}), \\ \rho - \frac{1-\alpha}{\xi}\frac{\beta-1}{\beta}\frac{Y(t)\mu_1(t)}{n(t)\mu_2(t)} - \varepsilon(L-2X(t)) & (z(t)<1 \text{ のとき}), \end{cases} \quad (9.30)$$

$$-\dot{\mu}_3 + \rho\mu_3 = -\frac{\partial \mathscr{H}}{\partial S} \Rightarrow \frac{\dot{\mu}_3(t)}{\mu_3(t)} = \rho - \frac{B\gamma S(t)^{\gamma-1}}{\mu_3(t)} + \eta. \quad (9.31)$$

横断性条件は次のようになる。

$$\lim_{t\to\infty} e^{-\rho t}\mu_1(t)K(t) = 0, \quad (9.32)$$

$$\lim_{t\to\infty} e^{-\rho t}\mu_2(t)n(t) = 0, \quad (9.33)$$

$$\lim_{t\to\infty} e^{-\rho t}\mu_3(t)S(t) = 0. \quad (9.34)$$

定常状態においては各変数の成長率は一定となる。第 5 章の Stokey モデルと同様の議論を繰り返すことによって，結果として $Y(t)$，$K(t)$，$C(t)$ がすべて等しい率で成長することがわかる。この率を g_Y^* で表すと，次のようになる。

$$g_Y^* = \left[\sigma + \Gamma(\sigma + \gamma - 1)\right]^{-1}\left[\frac{1-\xi}{\xi}\varepsilon L - \rho\right]. \quad (9.35)$$

ただし，$\Gamma \equiv \frac{1}{\gamma(1-\alpha)(\beta-1)}$ である。(9.35)は第 5 章の Stokey モデルにおける社会的に最適な成長率とまったく同じである。これは，(9.35)が η にまった

く依存しないということからも理解できるであろう。経済が長期的にプラスで成長するための条件は第2章や第5章同様，$\frac{1-\xi}{\xi}\varepsilon L-\rho>0$ となる。第2章の環境汚染の外部性が存在しないようなケースと比較すると，成長率は必ず下回ることも分かるであろう。

汚染の動学的挙動に焦点を当てることにしよう。定常状態における汚染量の変化率は次のようになる。

$$g_S^* = g_D^* = \frac{1-\sigma}{\gamma} g_Y^*. \tag{9.36}$$

この関係は第5章の汚染がフローで評価されていた場合の条件と同じである。したがって，厚生水準に影響を与えるのが汚染のフローであるかストックであるかにかかわらず，$\sigma>1$ のとき，かつそのときに限り環境は改善することになる[6]。

9.3.2 各経済主体の行動

本項では市場経済を考察することにしよう。主要な特徴は，すべて第5章のものと同じである。まずは最終財部門から規定しよう。最終財の市場は完全競争的であるものとする。多くの企業が(9.15)で与えられるような同一の技術のもとで生産活動に従事している。(9.20)を用いて生産関数を変形し，それを産業レベルにまとめると次のようになる。

$$Y(t) = A^{\frac{\beta-1}{\beta}} K(t)^{\alpha\frac{\beta-1}{\beta}} \left[\int_0^{n(t)} x_i(t)^{\xi} di \right]^{\frac{1-\alpha}{\xi}\frac{\beta-1}{\beta}} D(t)^{\frac{1}{\beta}}. \tag{9.37}$$

ただし，$z(t) \in [0,1]$ であるので $D(t) \leq Y(t)$ という制約があることに注意しよう。

企業は各期において利子率 $r(t)$，中間財の数 $n(t)$，各中間財の価格 $p_i(t)$ ($i \in [0, n(t)]$)，そして税率 $\tau(t)$ を所与として自らの利潤を最大にする。企業の利潤最大化行動，および $D(t) \leq Y(t)$ という条件より次の関係を得ることができる。

---

6) (9.35), (9.36)の導出については補論を参照せよ。

$$r(t) \geq \alpha \frac{\beta-1}{\beta} \frac{Y(t)}{K(t)}, \tag{9.38}$$

$$x_i(t) = \frac{E_x(t)}{\int_0^{n(t)} p_i(t)^{-\frac{\xi}{1-\xi}} di} p_i(t)^{-\frac{1}{1-\xi}}, \tag{9.39}$$

$$\tau(t) \leq \frac{1}{\beta} \frac{Y(t)}{D(t)}. \tag{9.40}$$

ただし，$E_x(t)$ は最終財企業が中間財の購入に用いる総額である。

次にＲ＆Ｄ部門について検討する。企業はＲ＆Ｄに自由に参入できるものとする。それらは株式を発行して研究活動における資金を獲得し，新しい種類の中間財を発明する。この部門における生産関数は再び(9.17)で与えられる。研究活動に成功した企業は，自らが発明した財を独占的に製造，販売し利潤を得る。研究に成功した第 i 企業は中間財部門において

$$p_i(t) = p(t) = \frac{w(t)}{\xi} \tag{9.41}$$

という価格付けをすることによって利潤を最大にする。ただし，$w(t)$ は賃金率であり，$p(t)$ は各中間財に共通の価格である。すべての中間財において，同じ価格付けが行われるため，各中間財の販売量，各企業の利潤，株式市場価値はすべて等しくなる。各企業の利潤，株式市場価値をそれぞれ $\pi(t)$, $v(t)$ と書くと，非利ザヤ条件，自由参入条件はそれぞれ

$$r(t)v(t) = \pi(t) + \dot{v}(t), \tag{9.42}$$

$$v(t) \leq \frac{1}{n\varepsilon} w(t) \tag{9.43}$$

となる。ただし，$\dot{n}(t) > 0$ である時には(9.43)は常に等号で成立する。消費者の行動について考えることにしよう。各個人は労働を提供し賃金を受け取る。また資産に対する利子と政府からの補助金[7]を受け取る。消費者は，$r(t)$, $w(t)$, $\tilde{\tau}(t)$（ただし $\tilde{\tau}(t)$ は政府からの補助金であり，$\tilde{\tau}(t) = \frac{\tau(t)D(t)}{L}$

---

[7] 政府は汚染税で得た収入を消費者に補助金として分配すると仮定する。

である）の時間経路を所与として消費と貯蓄に関する意思決定を行う。すなわち

$$\dot{a}(t) = r(t)a(t) + \hat{\tau}(t) + w(t) - c(t), \tag{9.44}$$

および $a(0) = a_0$ という制約のもとで(9.18)を最大にするのである。ただし，$a(t)$ は一人当たりの資産であり，その初期値 $a(0) = a_0$ は所与である。カレント・バリュー・ハミルトニアンは次のように設定される。

$$\mathscr{H} = \frac{c^{1-\sigma} - 1}{1 - \sigma} - BS(t)^{\gamma} + \nu(r(t)a + \hat{\tau}(t) + w(t) - c). \tag{9.45}$$

ただし，ν は所得のシャドー・プライスである。最大化のための条件として以下の関係が成立する。

$$\frac{\partial \mathscr{H}}{\partial c} = 0 \Rightarrow c(t)^{-\sigma} = \nu(t), \tag{9.46}$$

$$\dot{\nu} - \rho\nu = -\frac{\partial \mathscr{H}}{\partial a} \Rightarrow \dot{\nu}(t) - \rho\nu(t) = -r(t)\nu(t). \tag{9.47}$$

横断性条件は次のようになる。

$$\lim_{t \to \infty} e^{-\rho t} \nu(t) a(t) = 0. \tag{9.48}$$

(9.46)と(9.47)より消費の成長率は

$$g_{c(t)} = \frac{1}{\sigma}(r(t) - \rho) \tag{9.49}$$

となる。

9.3.3　定常状態均衡

本項でも定常状態に焦点を当てることにする。いま，政府は(9.36)を満足させるような税率を設定しているものとしよう。この場合には g_Y と g_n の関係もまた前項でもたらされたものと同じになる。労働市場均衡条件は

$$\frac{1}{\varepsilon} g_n + X = L \tag{9.50}$$

である。非ザヤ条件，(9.36)を変形すると次のようになる。

$$\frac{1-\xi}{\xi}\varepsilon X = g_n + (\sigma-1)g_Y + \rho. \tag{9.51}$$

したがって分権経済における成長率を g_Y^d で表すと

$$g_Y^d = \left[(\sigma-1) + \frac{1}{1-\xi}(1+\Gamma(\sigma+\gamma-1))\right]^{-1}\left[\frac{1-\xi}{\xi}\varepsilon L - \rho\right] \tag{9.52}$$

となる。市場経済における成長率は第5章のStokeyモデルの市場経済における成長率と等しくなることに注意しよう。社会的に最適な成長率(9.35)を

$$g_Y^* = \left[(\sigma-1) + (1+\Gamma(\sigma+\gamma-1))\right]^{-1}\left[\frac{1-\xi}{\xi}\varepsilon L - \rho\right] \tag{9.53}$$

と書き直し両者を比較してみよう。市場の歪みを反映している $\frac{1}{1-\xi}$ という係数が存在するために，市場経済における成長率は社会的に最適なものと比較して必ず低くなる。また，長期的な成長率がプラスとなるための条件は

$$\frac{1-\xi}{\xi}\varepsilon L - \rho > 0 \tag{9.54}$$

であるが，これは第2章，第5章のモデルにおいて，市場経済で長期的に成長率がプラスとなる条件とまったく同じである。しかしながら汚染の外部性があるために第2章の分権経済における成長率よりは必ず低くなることがわかる。

最後に産業政策について言及しておく。これは，これまでと同様の議論を繰り返すことによってR＆Dへの最適助成率を導出することができる。その最適助成率，ψ^* は次のようになる。

$$\psi^* = \frac{g_n^*}{g_n^* + (\sigma-1)g_Y^* + \rho}. \tag{9.55}$$

このような政策が施行されると経済成長率，および汚染の変化率はともに社会的に最適なものとなる。

9.4 汚染ストックと品質上昇モデル

9.4.1 汚染ストックの外部性

本節では，イノベーションが品質改良という形で生じ，かつ環境汚染がストックで評価されるようなケースを検討する．各変数は特に断りのない限り2節，3節と同じものを表す．生産関数を次のように設定する．

$$Y(t) = AK(t)^{\alpha} Q(t)^{1-\alpha} z(t). \tag{9.56}$$

ただし，中間財の指標 $Q(t)$ は本節では第3章や第6章の品質上昇モデルの定式化にしたがうことにする．すなわち以下のように設定する．

$$\log Q(t) = \int_0^1 \Big[\log \sum_m q_{im}(t) x_{im}(t)\Big] di. \tag{9.57}$$

代表的個人の目的関数は前節同様

$$U = \int_0^\infty e^{-\rho t} \Big[\frac{c(t)^{1-\sigma}-1}{1-\sigma} - BS(t)^\gamma\Big] dt \tag{9.58}$$

とする．ただし，$S(t)$ は (9.19) にしたがって通時的に変化するものとする．汚染量の排出過程を表す関係は，

$$D(t) = AK(t)^{\alpha} Q(t)^{1-\alpha} z(t)^{\beta} \tag{9.59}$$

である．ここで，$\beta > 1$ である．これまでの類似したモデルと同様

$$D(t) = Y(t) z(t)^{\beta-1} \tag{9.60}$$

となっていることにも注意しよう．

研究部門，製造部門における定式化はすべて第3章，第6章における設定と同じである．本節のモデルにおける最適な成長率および汚染水準を導出することにしよう．これは，第3章と同様の手続きによって導出することができる．労働部門において社会的計画者が直面する問題について検討する．各産業は等しい集約度で研究のターゲットとなっているものとする．品質や製品ラインに関係なくすべての中間財1単位には労働1単位が必要であるので，

各 t において，社会的計画者が採用するのは，各製品ラインにおける最先端製品だけである。[0,1] 上に分布する各最先端製品の投入量を $x_i(t)(i\in[0,1])$ と書くと，次のような制約が成立することになる。

$$\frac{1}{\varepsilon}\iota(t)=L_R(t), \tag{9.61}$$

$$\int_0^1 x_i(t)di=L_x(t), \tag{9.62}$$

$$L_R(t)+L_x(t)=L. \tag{9.63}$$

ただし，L は総人口である。各個人が１単位の労働力を保持しているので，これは労働の総供給量をも表すことになる。

静学的な問題を解くことによって，再び，すべての $j(j\in[0,1])$ に対して，

$$x_j(t)=x(t) \tag{9.64}$$

となることがわかる。したがって，上の３つの制約は

$$\frac{1}{\varepsilon}\iota(t)+x(t)=L \tag{9.65}$$

という関係にまとめられる。ここで，研究の蓄積を表す式を第３章，第６章同様 $I(t)=\int_0^t \iota(t)dt$ と定義する。$\dot{I}(t)=\iota(t)$ に注意すると，

$$\dot{I}(t)=\iota(t)=\varepsilon(L-x(t)) \tag{9.66}$$

となる。

資本の蓄積方程式は次のようになる。

$$\dot{K}(t)=AK(t)^\alpha(\lambda^I(t)x(t))^{1-\alpha}z(t)-C(t). \tag{9.67}$$

社会的計画者の問題は，(9.66)，(9.67) および $K(t)$，$I(t)$，$S(t)$ の初期値 K_0，I_0，S_0 を所与として (9.58) を最大にするものとなる。この問題におけるカレント・バリュー・ハミルトニアンは以下のように設定される。

$$\mathscr{H} = \frac{c^{1-\sigma}-1}{1-\sigma} - BS^\gamma + \mu_1(AK^\alpha(\lambda^l x)^{1-\alpha}z - cL) + \mu_2(\varepsilon(L-X))$$

$$-\mu_3(AK^\alpha(\lambda^l x(t))^{1-\alpha}z^\beta - \eta S). \tag{9.68}$$

ただし，μ_1, μ_2, $-\mu_3$ はそれぞれ K, I, S に対するシャドー・プライスである．最大化のための条件として以下の関係が成立する．

$$\frac{\partial \mathscr{H}}{\partial c} = 0 \Rightarrow c(t)^{-\sigma} = \mu_1(t)L, \tag{9.69}$$

$$\frac{\partial \mathscr{H}}{\partial z} \geq 0 \Rightarrow z(t) = \begin{cases} 1 & \left(\frac{\mu_1(t)}{\mu_3(t)\beta} \geq 1 \text{ のとき}\right), \\ \left(\frac{\mu_1(t)}{\mu_3(t)\beta}\right)^{\frac{1}{\beta-1}} & \left(\frac{\mu_1(t)}{\mu_3(t)\beta} < 1 \text{ のとき}\right), \end{cases} \tag{9.70}$$

$$\frac{\partial \mathscr{H}}{\partial x} = 0 \Rightarrow x(t) = \begin{cases} (1-\alpha)(1-\frac{\mu_3(t)}{\mu_1(t)})\frac{Y(t)\mu_1(t)}{\varepsilon\mu_2(t)} & (z(t)=1 \text{ のとき}), \\ (1-\alpha)(\frac{\beta-1}{\beta})\frac{Y(t)\mu_1(t)}{\varepsilon\mu_2(t)} & (z(t)<1 \text{ のとき}), \end{cases} \tag{9.71}$$

$$\dot{\mu}_1 - \rho\mu_1 = -\frac{\partial \mathscr{H}}{\partial K} \Rightarrow -\frac{\dot{\mu}_1(t)}{\mu_1(t)} = \begin{cases} \alpha(1-\frac{\mu_3(t)}{\mu_1(t)})\frac{Y(t)}{K(t)} - \rho & (z(t)=1 \text{ のとき}), \\ \alpha(\frac{\beta-1}{\beta})\frac{Y(t)}{K(t)} - \rho & (z(t)<1 \text{ のとき}), \end{cases} \tag{9.72}$$

$$\dot{\mu}_2 - \rho\mu_2 = -\frac{\partial \mathscr{H}}{\partial I} \Rightarrow$$

$$\frac{\dot{\mu}_2(t)}{\mu_2(t)} = \begin{cases} \rho - (1-\alpha)(1-\frac{\mu_3(t)}{\mu_1(t)})\log\lambda \frac{Y(t)\mu_1(t)}{\mu_2(t)} & (z(t)=1 \text{ のとき}), \\ \rho - (1-\alpha)\log\lambda(\frac{\beta-1}{\beta})\frac{Y(t)\mu_1(t)}{\mu_2(t)} & (z(t)<1 \text{ のとき}), \end{cases} \tag{9.73}$$

$$-\dot{\mu}_3 + \rho\mu_3 = -\frac{\partial \mathscr{H}}{\partial S} \Rightarrow \frac{\dot{\mu}_3(t)}{\mu_3(t)} = \rho + \frac{B\gamma S(t)^{\gamma-1}}{\mu_3(t)} - \eta. \tag{9.74}$$

横断性条件は次のようになる．

$$\lim_{t\to\infty} e^{-\rho t}\mu_1(t)K(t) = 0, \tag{9.75}$$

$$\lim_{t\to\infty} e^{-\rho t}\mu_2(t)I(t) = 0, \tag{9.76}$$

$$\lim_{t\to\infty} e^{-\rho t}\mu_3(t)S(t) = 0. \tag{9.77}$$

定常状態では，$Y(t)$, $C(t)$, $K(t)$ は一定の率で成長することになる[8]．

この率は以下のようになる。

$$g_Y^* = \left[\sigma + \Gamma(\sigma + \gamma - 1)\right]^{-1}\left[(\log\lambda)\varepsilon L - \rho\right]. \tag{9.78}$$

$\Gamma \equiv \frac{1}{\gamma(1-\alpha)(\beta-1)}$ である。この成長率は第6章のモデル（汚染のフローが厚生水準に影響を与えるケース）においてもたらされたものとまったく同じになっている。第3章において分析された汚染の外部性が存在しない場合における社会的に最適な成長率と比較すると，本章でもたらされた成長率の方が低くなっている。しかしながら，本章においても市場経済で長期的にプラスの成長率が保証される条件は $(\log\lambda)\varepsilon L - \rho > 0$ で与えられる。この条件は第3章のそれとまったく同じである。

次に汚染の動学的な挙動に焦点を当てることにしよう。定常状態における汚染の変化率は以下のようになる。

$$g_S^* = g_D^* = \frac{1-\sigma}{\gamma} g_Y^*. \tag{9.79}$$

したがって，長期的に汚染は $\sigma > 1$ のとき，かつそのときに限り減少することになる。この帰結は，第6章，前節における帰結と同様である。すなわち，汚染をフローで評価してもストックで評価してもイノベーションをバラエティー拡大という形で定義しても品質の上昇という形で定義しても $\sigma > 1$ のとき，かつそのときに限り環境クズネッツ曲線が導出されることになるのである[9]。

9.4.2 分権経済

本項では，汚染のストックを伴うようなネオ・シュンペータリアン・モデルにおける分権経済を検討する。モデルの主要な構造は第6章におけるものと同じである。

まずは最終財部門から検討する。これまでと同様，多くの小企業が競争的な市場で同質の最終財を同一の生産技術のもとで生産しており，最終財の市

---

8) これは第6章と同様の議論を繰り返すことによって示すことができる。
9) 成長率，および汚染の変化率の導出についての議論の詳細は補論を参照せよ。

場は競争的である。生産関数(9.56)と汚染の排出過程を表す式(9.59)を組み合わせ産業レベルにまとめると以下のようになる。

$$Y(t) = A^{\frac{\beta-1}{\beta}} K^{\alpha\frac{\beta-1}{\beta}} Q(t)^{\frac{\beta-1}{\beta}(1-\alpha)} D^{\frac{1}{\beta}}. \tag{9.80}$$

ここでも汚染が実質的に生産要素となっていること,および $z(t) \in [0,1]$ より,$D(t) \leq Y(t)$ という制約があることに注意しよう。

最終財企業の利潤最大化によって,以下の関係が成立する。

$$r(t) \geq \alpha \frac{\beta-1}{\beta} \frac{Y(t)}{K(t)}, \tag{9.81}$$

$$x_{im}(t) = \begin{cases} \frac{E_x(t)}{p_{im}(t)} & (m = \hat{m} \text{ のとき}), \\ 0 & (m \neq \hat{m} \text{ のとき}), \end{cases} \tag{9.82}$$

$$\tau(t) \leq \frac{1}{\beta} \frac{Y(t)}{D(t)}. \tag{9.83}$$

ただし,$E_x(t)$ は中間財の購入にあてられる総額である。$\hat{m}$ は品質調整済みの価格が最小であるような製品の世代である。

中間財部門について検討することにしよう。第3章や第6章でもたらされた帰結と類似したものが得られる。[0,1]の範囲に存在している各最先端企業は,同じ製品ラインにおける2番手の企業とのベルトラン競争に勝つために $\lambda w(t)$ という価格を付けて[10]

$$\pi_i(t) = \pi(t) = (\lambda-1)w(t)x(t) \tag{9.84}$$

という利潤を得ることになる。すなわち,すべての製品ライン,$j (j \in [0,1])$ において製品の価格,販売量,および利潤は等しくなる。このときの販売量,利潤をそれぞれ $r(t)$,$\pi(t)$ で表している。

次にR&D部門について検討することにしよう。各企業の株式企業価値,非利ザヤ条件,および自由参入条件は第3章,第6章における議論を繰り返すことによって再び

---

10) 本章においても品質で調整された価格が等しい場合には最終財企業はより高品質な品質をもった製品を購入するものと仮定する。

$$v(t)=\int_t^\infty e^{-\int_t^{t'}[r(\eta)+\iota(\eta)]d\eta}\pi(t')dt', \tag{9.85}$$

$$r(t)v(t)=\pi(t)+\dot{v}(t)-\iota(t)v(t), \tag{9.86}$$

$$v(t)\leq\frac{1}{\varepsilon}w(t) \tag{9.87}$$

となることがわかる。ただし，$\iota>0$ である場合には(9.87)は常に等号で成立する。次に家計の行動について規定しよう。家計は各期において労働を提供し賃金を受け取る。また資産に対する配当と政府からの助成金を受け取る。そして，利子率，賃金率，助成率の経路を所与として(9.58)を最大にするように得た収入を消費と貯蓄に振り分ける。代表的家計の目的関数を以下のように設定する。家計の資産の蓄積方程式として次の関係が成立する。

$$\dot{a}(t)=r(t)a(t)+w(t)+\hat{\tau}(t)-c(t). \tag{9.88}$$

ただし，$a(t)$ は一人当たりの資産，$\hat{\tau}(t)\equiv\frac{\tau D(t)}{L}$ は政府からの補助金である。また，$a(0)=a_0$ は所与である。カレント・バリュー・ハミルトニアンは次のように設定される。

$$\mathscr{H}=\frac{c^{1-\sigma}-1}{1-\sigma}-BD(t)^\gamma+\nu(r(t)a+w(t)+\hat{\tau}(t)-c). \tag{9.89}$$

ただし，ν は所得のシャドー・プライスである。

最大化のための条件として以下の関係が成立する。

$$\frac{\partial\mathscr{H}}{\partial c}=0\Rightarrow c(t)^{-\sigma}=\nu(t), \tag{9.90}$$

$$\dot{\nu}-\rho\nu=-\frac{\partial\mathscr{H}}{\partial a}\Rightarrow\dot{\nu}(t)-\rho\nu(t)=-r(t)\nu(t). \tag{9.91}$$

横断性条件は次のようになる。

$$\lim_{t\to\infty}e^{-\rho t}\nu(t)a(t)=0. \tag{9.92}$$

ただし，$v(t)$ は所得のシャドー・プライスである。消費の成長率は次のようになる。

$$g_{c(t)} = g_{C(t)} = \frac{1}{\sigma}(r(t) - \rho). \tag{9.93}$$

9.4.3 汚染ストックと経済成長率との関連性

ここでも定常状態に焦点を当てることにする。政府は (9.79) を満足させるような率で汚染税を課すことにしよう。g_Y と ι の関係もまた以前と同様になる。成長率を導出する方法は第 3 章で用いたものと類似している。分権経済における経済成長率は次のようになる。

$$g_Y^d = \left[\sigma - 1 + \frac{\lambda}{\log \lambda}(1 + \Gamma(\sigma + \gamma - 1))\right]^{-1}[(\lambda - 1)\varepsilon L - \rho]. \tag{9.94}$$

市場経済における成長率は，社会的に最適なものと比較して高いかもしれないし低いかもしれない。また，汚染の外部性が存在しない場合の市場経済における成長率（第 3 章を参照せよ）との比較も行ってみよう。(9.94) の分母は常に正であるので，本章においても分権経済で長期的にプラスの成長率が保証される条件は

$$(\lambda - 1)\varepsilon L - \rho > 0$$

で与えられる。この条件は第 3 章のそれとまったく同じであることに注意しよう。しかしながら成長率は本章のケースの方が汚染ストックの外部性が存在するため低くなっている。

最後に，R&D 部門において生じた歪みを是正するような産業政策を検討する。2 節のモデルとは異なり環境を伴うモデルでは，既に汚染税という形で政府が介入している。環境汚染を伴うモデルにおいては，研究部門における正の外部性と環境汚染という負の外部性という 2 つの外部性が存在する。したがってこれを是正するためには 2 つの政策のポリシー・ミックスが必要となるのである。

政府が研究費用の一定割合，ψ を負担するような状況を考えることにしよ

う。そのような政策が施行されると，非利ザヤ条件は次のようになる。

$$\frac{(\lambda-1)\varepsilon X}{1-\psi}=\iota+(\sigma-1)g_Y+\rho. \tag{9.95}$$

ι と g_Y の関係，および労働市場均衡条件は以前と同じである。このことを考慮すると g_Y^* を達成するための最適助成率，ψ^* は

$$\psi^*=\frac{\sigma-1+\frac{\lambda}{\log\lambda}[1+\Gamma(\sigma+\gamma-1)]}{(\sigma-1)g_Y^*+\iota^*+\rho}(g_Y^*-g_Y^d) \tag{9.96}$$

となる。$g_Y^*>g_Y^d$ である場合には，政府はR&D部門に助成を行う（$\psi^*>0$）。逆に $g_Y^*<g_Y^d$ である場合には，政府はR&D部門に課税を行う（$\psi^*<0$）。このような政策と汚染に対する課税政策とを合わせるようなポリシー・ミックスによって経済成長率，および汚染の変化率はともに社会的に最適なものとなる[11]。

9.5 おわりに

本章では汚染のストックが厚生水準に対して影響を与えるようなモデルが構築された。3節で検討されたようなバラエティー拡大モデルでは，市場経済における成長率は社会的に最適な成長率と比較して必ず低くなる。消費における異時点間の代替の弾力性が十分に小さいときに限り，汚染ストック及び各期に排出される排出量は通時的に下落し，環境水準は通時的に改善する。そして，企業の排出される汚染に対してピグー税を課す課税政策とR&Dへの助成政策というポリシー・ミックスを適切に施行することが政府の最適政策となる。

4節で検討されたようなイノベーションが品質の上昇として定義されるケースにおいても，消費における異時点間の代替の弾力性が十分に小さいときに限り，汚染ストック及び各期に排出される排出量は通時的に減少し，環境水準は通時的に改善する。ただし，市場経済における成長率は社会的に最

---

11) 中間財への助成は第3章と同様の議論を繰り返すことによって，成長率には何ら影響を与えないということも指摘しておく。

適な成長率と比較して高くなっても低くなってもよい。市場経済における成長率が高すぎる（低すぎる）場合にはＲ＆Ｄへの課税（助成）政策が必要となる。このようなＲ＆Ｄ政策と汚染を排出するような企業に対してピグー税を課すようなポリシー・ミックスが必要となる。

興味深いことに，主要な結論はほとんど第5章や第6章で得られたものと同様である。すなわち，厚生水準に影響を与えるのが汚染のストックであるかフローであるかということは，長期的な成長率や汚染の動学的挙動に対してはほとんど影響を与えないのである。逆に言うと第4章から第8章において汚染のストックではなくフローで汚染水準を測ったのはまさしくこの理由によるのである。

9.6 補論：成長率の導出

ここでは本章で求められた成長率を導出することにする。まず，外生的技術進歩を伴う9.2のモデルを分析しよう。定常状態では $Y(t)$，$K(t)$ そして $C(t)$ はすべて等しい率で成長する。(9.7), (9.8)より以下の関係が成立する。

$$g_Y = -\frac{1}{\sigma} g_{\mu_1}, \tag{9.97}$$

$$g_z = \frac{1}{\beta-1}(g_{\mu_1} - g_{\mu_3}). \tag{9.98}$$

生産関数より次の関係が成立する。

$$g_Y = g + \alpha g_Y + g_z. \tag{9.99}$$

汚染の変化率は $\frac{\dot{S}}{S} = \frac{D}{S} - \eta$ であり，定常状態では $\frac{\dot{S}}{S}$，η は一定となるので，$g_D = g_S$ となる。$D = Yz^{\beta-1}$ と(9.98)より，以下の関係が成立する。

$$g_S = g_D = g_Y + (\beta-1)g_z = g_Y + g_{\mu_1} - g_{\mu_3}. \tag{9.100}$$

したがって，

$$g_S + g_{\mu_3} = g_Y + g_{\mu_1} \tag{9.101}$$

となる。(9.10)より，$(\gamma-1)g_S = g_{\mu_3}$ となるので，次の関係が成立する。

$$g_S + g_{\mu_3} = \gamma g_S. \tag{9.102}$$

汚染ストックの変化率と産出量の成長率との間には，次のような関係があることがわかる。

$$g_S = g_D = \frac{1-\sigma}{\gamma} g_Y. \tag{9.103}$$

定常状態における成長率を求めることにしよう。以下の関係が成立する。

$$g_Y = g + \alpha g_Y + g_z = g + \alpha g_Y + \frac{1}{\beta-1}(g_{\mu_1} - g_{\mu_3})$$

$$= g + \alpha g_Y - \frac{\sigma}{\beta-1} g_Y - \frac{\gamma-1}{\beta-1} \frac{1-\sigma}{\gamma} g_Y. \tag{9.104}$$

(9.104)を整理しまとめると，以下のような定常状態における成長率を導出することができる。

$$g_Y = \frac{\gamma(\beta-1)g}{\gamma(\beta-1)(1-\alpha) + (\sigma+\gamma-1)}. \tag{9.105}$$

次にバラエティー拡大モデルについて検討しよう。定常状態では $Y(t)$，$K(t)$ そして $C(t)$ はすべて等しい率で成長する。(9.26)，(9.27)より以下の関係が成立する。

$$g_Y = -\frac{1}{\sigma} g_{\mu_1}, \tag{9.106}$$

$$g_z = \frac{1}{\beta-1}(g_{\mu_1} - g_{\mu_3}). \tag{9.107}$$

定常状態において X は一定となるので，(9.26)より次の関係が成立する。

$$g_Y + g_{\mu_1} - g_n - g_{\mu_2} = 0 \implies (1-\sigma)g_Y - g_n - g_{\mu_2} = 0. \tag{9.108}$$

汚染の変化率は $\frac{\dot{S}}{S} = \frac{D}{S} - \eta$ であり，$\frac{\dot{S}}{S}$，η は定常状態では一定となるので

$g_D = g_S$ となる。$D = Yz^{\beta-1}$ に注意すると

$$g_S = g_D = g_Y + (\beta - 1)g_z \tag{9.109}$$

となる。また，$(\gamma - 1)g_S = g_{\mu_3}$ である。生産関数より次のようになる。

$$g_Y = \alpha g_Y + \frac{(1-\alpha)(1-\xi)}{\xi} g_n + g_z. \tag{9.110}$$

(9.107)，(9.109)に注意すると，次のようになる。

$$\frac{\gamma}{\gamma - 1} g_{\mu_3} = (1-\sigma)g_Y. \tag{9.111}$$

したがって，次の関係が成立する。

$$g_S = g_D = \frac{1-\sigma}{\gamma} g_Y. \tag{9.112}$$

これを (9.109) に戻すと

$$g_z = -\frac{\sigma + \gamma - 1}{\gamma(\beta - 1)} g_Y \tag{9.113}$$

となる。生産関数より，$g_Y = \frac{1-\xi}{\xi} g_n - \Gamma(\sigma + \gamma - 1)g_Y$ となるので以下の関係が成立する。

$$(1 + \Gamma(\sigma + \gamma - 1))g_Y = \frac{1-\xi}{\xi} g_n. \tag{9.114}$$

μ_2 について調べてみると

$$g_{\mu_2} = \rho - \frac{1-\xi}{\xi}\varepsilon L + \frac{1-2\xi}{\xi} g_n \tag{9.115}$$

となる。一方，$g_{\mu_2} = (1-\sigma)g_Y - g_n$ であることに注意すると g_{μ_2} は

$$y_{\mu_2} = \left[(1-\sigma) - \frac{\xi}{1-\xi}(1 + \Gamma(\sigma + \gamma - 1))\right]g_Y \tag{9.116}$$

とも書けるので，これら 2 つの右辺を等号でむすび g_Y を求めると以下のようになる。

$$g_Y^* = [(\sigma + \Gamma(\sigma + \gamma - 1))]^{-1}\left[\frac{1-\xi}{\xi}\varepsilon L - \rho\right]. \tag{9.117}$$

次に品質上昇モデルにおける成長率を求めることにしよう。ここでも定常状態では $Y(t)$, $K(t)$ そして $C(t)$ はすべて等しい率で成長する。(9.69)-(9.71)より以下の関係が成立する。

$$g_Y = -\frac{1}{\sigma}g_{\mu_1}, \tag{9.118}$$

$$g_z = \frac{1}{\beta-1}(g_{\mu_1}-g_{\mu_3}), \tag{9.119}$$

$$g_Y + g_{\mu_1} - g_{\mu_2} = 0 \Rightarrow (1-\sigma)g_Y = g_{\mu_2}. \tag{9.120}$$

バラエティー拡大モデルのときと同様の議論を繰り返すことによって汚染ストックの変化率が $g_D = g_S$ となることがわかる。$D = Yz^{\beta-1}$ に注意すると

$$g_S = g_D = g_Y + (\beta-1)g_z \tag{9.121}$$

となる。また $(\gamma-1)g_S = g_{\mu_3}$ である。生産関数より次のようになる。

$$g_Y = \alpha g_Y + (1-\alpha)\log\lambda \iota + g_z. \tag{9.122}$$

ここで,

$$\frac{\gamma}{\gamma-1}g_{\mu_3} = (1-\sigma)g_Y \tag{9.123}$$

に注意すると次の関係が成立する。

$$g_S = g_D = \frac{1-\sigma}{\gamma}g_Y. \tag{9.124}$$

したがって

$$g_z = -\frac{\sigma+\gamma-1}{\gamma(\beta-1)}g_Y \tag{9.125}$$

となる。生産関数に注意すると $g_Y = \iota\log\lambda - \Gamma(\sigma+\gamma-1)g_Y$ となるので, 以下の関係が成立する。

$$(1+\Gamma(\sigma+\gamma-1))g_Y = \iota\log\lambda. \tag{9.126}$$

μ_2 について調べてみると

$$g_{\mu_2} = \rho - (\log\lambda)\varepsilon x$$

$$= \rho - (\log\lambda)\varepsilon L + \iota\log\lambda$$

$$= (1-\sigma)g_Y \tag{9.127}$$

となる。したがって，

$$\iota\log\lambda = (1-\sigma)g_Y + (\log\lambda)\varepsilon L - \rho = (1+\Gamma(\sigma+\gamma-1))g_Y \tag{9.128}$$

となる。これを整理することによって，社会的に最適な成長率 g_Y を求めると以下のようになる。

$$g_Y^* = [\sigma + \Gamma(\sigma+\gamma-1)]^{-1}[(\log\lambda)\varepsilon L - \rho]. \tag{9.129}$$

第 10 章

持続可能な成長における教訓

　本書では，内生的経済成長モデルに対して環境の外部性を組み入れ，持続的成長を可能にするにはどのような経済政策や環境政策が必要とされるかということを詳細に分析してきた。本章では本書で得られた結論をまとめる。また，今後の課題についても簡単に述べておくことにしよう。

10.1　持続的な成長を可能にする要因

　通常の新古典派の経済成長理論は，経済成長を促進する主要な要因として要素蓄積をあげている。この場合，収穫逓減性の性質をもつ新古典派的な生産関数のもとでは，要素蓄積とともにその生産要素の限界生産物は低下するため，やがて経済成長は止まってしまうことになる。しかしながら，実証的には一人当たりの産出量は長期的に成長し，しかも成長率は低下傾向を示していないということが明らかになっているため，このような帰結は受け入れ難いものである（第1章の Kaldor（1961）らによって指摘された経済成長のプロセスにおけるいくつかの定型化された事実に関する記述を参照せよ）。

　この欠点は，外生的な技術進歩をモデルの中に入れることで解消することができる。しかしながら，多くの技術進歩は経済学が考慮すべき範囲の外から生じているわけではない。すなわち，このようなモデルの修正は，長期的な成長率がゼロになるという新古典派成長モデルの欠点を是正する一方，技術進歩がどのようにして生じるのかという新たな問題を生みだすことになる。

　これに対して内生的経済成長理論においては，新古典派モデルが外生的に

生じると仮定した技術進歩や生産性の上昇が理論モデルの中で内生的に決定される。そこでは特に，生産性の上昇をもたらす要因としてイノベーションや人的資本の蓄積に焦点を当てている。イノベーションはＲ＆Ｄ部門に対して資源を投入し，研究活動を行うことによって生じる。Ｒ＆Ｄ活動には費用がかかるが，新製品や新品質の発明に成功した場合には，それに従事した企業家に対して利益をもたらす。各企業家は，イノベーションから生じる利益とそれにかかる費用とを比較して研究活動を行うかどうかを決定する。もう1つは人的資本の役割である。学校における高等教育や一旦就業した後の職業訓練等によって，単位当たりの労働力が生み出す産出量を高めることが可能となるであろう。いずれにしろイノベーションや人的資本の蓄積によって所与の要素投入に対する産出量は増加する。すなわち，経済における生産性の上昇が生じ，これによって経済が長期的にプラスの率で成長することが保証される。

さらに，本書では環境汚染の外部性に対して焦点を当てている。これに対しては，後の節で述べることにしよう。

10.2　国民所得と環境汚染の水準との関連性

多くの経済成長モデルでは，消費者は財の消費から効用を得ると仮定している。しかしながら，地球環境問題が深刻になり，地球環境水準が劣悪化している今日において，消費者の厚生水準が財の消費量のみに依存するという仮定は適切とはいえなくなってきている。

本書では，消費者の厚生水準が消費だけではなく，環境水準にも依存するようなモデルを構築した。そして，消費の効用は正であるが逓減的であり，汚染水準から被る不効用はそれの増加とともに逓減しないということや，産出量が増加すると汚染量も増加するということを仮定し分析を行った。一人当たりの所得が比較的小さい場合には，財の消費から得られる効用は十分に大きいため，汚染に対する規制をしないことが最適な政策となる。このとき，一人当たりの所得の増加とともに汚染量もまた増加する。ところが，経済が

十分に発展し消費水準が十分に高くなると，産出量を増加させることから得られる効用の増加分は十分に小さくなる一方，それに伴う汚染の増加からもたらされる不効用の増加が無視できなくなるほど大きくなる。このため，経済発展がある程度進んだ場合には，汚染の排出量をある程度規制することで（たとえそれが産出量や消費量の減少をもたらすことになったとしても），厚生水準を改善することができる。最適な環境政策とは，一人当たりの所得の増加とともに汚染に対する規制水準を強くすることであるという帰結も得られた。その結果，一人当たりの所得がある一定以上を超えると汚染量は一人当たりの所得と負の相関をもつ。すなわち，一人当たりの所得と汚染との間には逆U字の関係があることが示され，環境クズネッツ曲線が導出されることになる。

10.3 効率的な政府政策

一般的に経済学において政府の政策が必要とされるのは，市場の歪みが存在するときである。本書で構築したモデルにおいてもこのことはあてはまる。本書のモデルでは大きく分けると2種類の外部性が存在している。

1つは研究部門におけるスピルオーバー効果である。R＆D部門においてプロダクト・イノベーションやプロセス・イノベーションが生じた場合には，研究活動に従事した企業家が意図しないような形で，イノベーションは経済や社会に対して影響を与えうる。例えば，ある特定の分野で生じたイノベーションは，その産業と関連の深い分野の利潤機会を増加させ，結果として新たなイノベーションを引き起こすかもしれない。イノベーションが生じた際には，それが公共知識資本に貢献するかもしれない。あるいはイノベーションが生じ，新製品が開発された結果，既存の製品が陳腐化し，それを生産している企業の利潤が減少するという事態が生じるかもしれない。このように1つのイノベーションは様々な形で経済に対して影響を及ぼすことになるであろう。イノベーションが事後的に社会に与える影響を個々の企業家が事前に認識するのは困難である。また，自らの利潤最大化を目的として意思

決定を行う企業家は，それを認識すること自体，あまり重要ではないと考えるかもしれない。したがって，イノベーションがもたらす外部性を各企業家が内部化するように適切な率でR＆Dへの助成・課税を行うことが必要となる。

　もう1つは環境汚染という負の外部性である。環境汚染という外部性が存在するために，市場経済において，各変数は社会的に最適なものとは異なった率で変化することになる。このような歪みを是正するために，本書では主に3つの政策——直接規制，排出許可証の発行，汚染税——を導入し，分析を行った。直接規制とは政府が許容される汚染の排出量を，法律等の政策手段によって決定するというものである。排出許可証を伴う制度とは汚染を排出するような企業に対して排出許可証を発行し，その許可証に関しては市場での取引を認めるというものである。許可証の割り当て量以上の汚染を排出しようとする企業は，排出許可証を市場で調達しなければならない。また，割り当てられた許可証の量以下の水準で生産活動を行おうとする企業は，排出許可証市場で許可証を売却することによって，新たな利潤を得る。汚染税とは政府が企業の排出する汚染に対して税を課すというものである。この場合には，企業は税率を考慮に入れながら汚染の排出水準を決定する。

　本書では，直接規制では社会的に最適な状態を達成できないということや排出許可証と汚染税とは実質的には同じ効力をもつものであり，この2つの政策のうちのいずれかを適切に採用することによって，社会的に最適な状態を達成できるということを明らかにした。

10.4　新たなタイプの汚染の出現とそれが経済成長に与える影響

　20世紀は科学技術が飛躍的に進歩を遂げた世紀といえるであろう。しかしながら科学技術の発展とともに新たな汚染物質や化学物質もまた工業過程において排出されるようになってきている。例えば近年における環境ホルモンのような新たなタイプの化学物質はその典型ともいえるであろう。このような汚染の出現は，我々が直面する健康リスクの変化をもたらしうる。環境

ホルモンのようなタイプの廃棄物は通常の汚染とは異なり，我々が日常，生活をしていくうえで直接的な影響を感じることはあまりないかもしれない。この点において環境ホルモンのような化学物質，廃棄物は，空気や飲料水等の質の劣化をもたらす大気汚染・水質汚濁とは異なった形で人類の生活に対して影響を及ぼす。本書においては環境ホルモンのように直接的に人々が感じることのできないような廃棄物に対しても規制政策を採用するべきであるという結論を導き出している。また，興味深いことに環境ホルモンのような汚染が長期的な成長率に与える影響は，通常の汚染よりも高くなる傾向がある。経済発展に伴って生じてくるこのような汚染や化学物質に対して適切な政策を施行することが，厚生水準を最大にするためには必要となるのである。

10.5　環境汚染における国際的な問題

環境問題はしばしば国際的な側面を伴う。例えば一国で排出される汚染は国際河川や大気を通して近隣国の居住者の生活環境を悪化させる可能性がある。発展途上国が経済発展をする際に排出されるであろう多くの汚染は地球環境に対して多大な影響を与えうる。地球温暖化によって北極や南極の氷山が大量に溶けた結果，いくつかの島国は海面下に沈んでしまうとすら言われている。したがって，環境と経済との関連性を分析する際には，閉鎖経済の枠組みだけでなく国際的な枠組みの中でも分析を行うことが必要である。

発展途上国では先進国と比較して財の消費量は少なく，財の消費から得られる限界効用と財の生産の際に排出される汚染から被る不効用とを比較した場合，前者の方がより高くなる傾向がある。このため，発展途上国においては，先進諸国と比較して汚染に対する規制水準が緩い。しかしながら発展途上国において，より多くの規制がなされるべきかというとそこにも問題がある。多くの先進国は汚染を排出し，種々の製品を大量生産・大量消費することで豊かになってきた。発展途上国において先進国と同じレベルで汚染に対して規制を課すことは，これまで先進国が達成してきた経済成長の過程を事実上，発展途上国が繰り返すことを不可能にするということを意味している

のである。一方先進国では発展途上国と比較して汚染に対する規制水準は厳しく汚染の削減費用は相対的に高くなる。

このような問題を考える際に，国際的な協調という観点は重要である。特に焦点が当てられるべきなのは先進国と発展途上国との協調であろう。一般的に，汚染に対する規制が緩いということは，汚染を削減する余地が大きいということである。これは，汚染の削減コストが相対的に安いということを意味している。本書では越境汚染が伴うような場合を想定し，分析を行った。先進国が資金を調達し，排出物の削減コストが安い発展途上国における排出物削減を促すような国際的な協調を行うことによって，両国の厚生水準が改善されうるということを示した。しかしながら一般的にこのような協調が機能するのには困難さが伴う。いずれの国も自らは排出物の削減という痛みを伴うことなく，相手国の努力に期待する傾向があると思われるからである。したがって，これらの協調が適切に機能するためには，各国に協調から逸脱するインセンティブを与えない制度を構築することが必要となる。

10.6 今後の課題

本章の前節までにおいては，本書で得られた結論をまとめた。ここでは本書で必ずしも十分な議論がなされなかったものの，今後考慮すべき残された問題を指摘しておくことにしよう。

10.6.1 循環型社会

本書で検討した多くのモデルでは環境問題として汚染の外部性を検討した。環境問題を経済分析の中に取り込む場合に，これとは別の方法として資源の問題もあるであろう。特に，再生可能資源やリサイクルの問題を通して，循環型社会をいかにして構築するのかを考察することが必要となる（例えば細田 (1999) を参照せよ）。

10.6.2　貿　　易

本書では環境問題の国際的な側面を分析するために先進国と発展途上国が協力して排出物削減に取り組むような状況が構築された。これと同時に，国際的な問題を検討する場合には，貿易が環境に与える影響もまた分析するべきであろう。先行研究としては，Copeland and Taylor (1994), (1995) が静学モデルで貿易と環境との関連性を分析している。そして，各国における汚染の規制水準の相違によって[1]，汚染集約的な産業における比較優位が決定されることなどを指摘している。環境問題には異時点間の要素が大きいことを考えると，これを動学モデルへと拡張することが必要となるであろう[2]。

10.6.3　環境保全のための R & D

「21世紀は環境の世紀」といった声もあり，消費者の環境問題に対する関心は，高まっているように思われる。本書において，イノベーションはプロダクト・イノベーションとプロセス・イノベーションに限定されていた。しかしながら，環境問題と経済活動との関連性を分析するうえで，「環境保全，それ自体を目的としたR & D」というものをモデルの中に組み入れることも検討していかなければならない。このようなR & Dには，より低価格でのリサイクル製品の開発，エネルギー節約的な技術進歩，環境にやさしい新製品の開発等があげられる。企業家が実際にそのようなR & Dを行おうとするインセンティブをもっているのかどうかという点が極めて重要である。環境保護への関心が高まった結果，消費者が環境にやさしい製品をより嗜好するような事態が生じれば，企業家がそのような研究活動に従事することから得られる利潤もより増加することになるであろう。また環境にやさしい製品の開発と負荷のかかるような製品の開発との間に助成や課税における税制

---

[1] 実証的観点からみると，このような帰結は必ずしも支持されない（例えばKolstad (1999) を参照せよ）。しかしながら環境問題がより深刻となる今後においてどうであるかはまた別問題である。

[2] その他に環境と貿易について論じたものとしては例えばCanrad (1993), Elbasha and Roe (1996) 等を参照せよ。

上の差を設けることによって，環境にやさしい製品の開発を促すようなグリーン税制の導入が環境水準や経済成長率，あるいは経済全体の厚生に対してどのような影響を与えるかということも分析の対象となるであろう。グリーン税制が環境水準の維持やそれを通して人々の厚生水準にプラスの影響を与えるのであればそのような税制を積極的に採用することが求められるであろう。

先行研究において，財を購入する際にそれが環境に与える影響を考慮しながら意思決定を行うような消費者をモデルの中に導入したものとしては，例えば，Matto and Singh（1994）があるが，それは静学の部分均衡モデルであり，環境問題の重要な論点である異時点間の影響や各経済主体の行動等についてはほとんど考慮されていない。

10.6.4　より複雑なモデル

本書では主に各経済変数が比較的単調な動きをするようなモデルで分析がなされている。しかしながら現実の経済はしばしばそれよりも複雑な形で移行する。この点を考慮に入れるために，例えばZhang（1999）はカオス理論（Li and York（1975），Devaney（1989），Li（1998），Evans et al.（1999）等を参照せよ）を環境経済学の分野に取り入れている。

10.6.5　様々な指標

先に指摘したように，環境問題が深刻になっている現在において，消費量のみを厚生水準の目安とすることは適切ではない。このことを反映するために，本書では，厚生水準は消費水準だけではなく環境水準にも依存すると仮定してきた。環境に配慮した経済において，GDPの成長率はより低くなる傾向がある。本書でいうと第2章と第5章，第3章と第6章を比較・検討すればそれは明らかである。環境に配慮した経済においては，汚染を規制し，ある程度低い率で成長することが最適となるであろう。このことは，厚生水準に対して環境の外部性を考慮したように，経済の指標となるGDPに対しても環境の外部性を考慮に入れて調整したグリーンGDPを積極的に導入す

表 10.1 帰属環境費用の推移と対 GDP 比

年	1970	1975	1980	1985	1990	1995
帰属環境費用（兆円）	5.7	6.2	4.4	4.7	4.2	4.5
対 GDP 比率（％）	3.1	2.7	1.5	1.4	1.0	1.0

(注) 帰属環境費用の推計に当たっては，現に生じた環境の質的・量的変化を，ある水準に維持しようとしたならば必要と推定される費用によって評価している（=「維持費用評価法」）。
(出所) 環境庁（編）『環境白書 平成 11 年度版』，大蔵省印刷局，1999 年，278 ページ

る必要があるということを示唆している。GDP は国内で取り引きされた財・サービスの総量であり，環境の外部性というものはこの中には含まれないからである。

例えば，『環境白書』（平成 11 年度版）では，国内純生産から帰属環境費用を引いた環境調整国内純生産をグリーン GDP と定義しており，表 10.1 では帰属費用の対 GDP 比は約 1 ％であることが示されている。これまでの消費のみが厚生水準に影響を与えると仮定したモデルの効用関数が通常の GDP に対応するものと考えるならば，本書で構築された環境汚染が厚生水準に影響を与えるような効用関数がグリーン GDP に対応しているとみなすこともできるかもしれない。

本書では，イノベーションや人的資本と環境汚染の外部性を中心として，持続可能な成長に必要とされる様々な議論を展開してきた。上記のような拡張すべき点もあるし，議論すべきすべての問題を検討したわけでもないが，環境問題を経済学の理論的なフレームワークに組み込むことで環境経済学の分野に対して 1 つの貢献を果たしたといえるであろう。

参考文献

[1] Aghion, P. and P. Howitt, "A Model of Growth through Creative Destruction," *Econometrica*, vol. 60, 323-351, 1992.
[2] Aghion, P. and P. Howitt, *Endogenous Growth Theory*, MIT Press, 1998.
[3] Arrow, K. J., "The Economic Implications of Learning by Doing," *Review of Economic Studies*, vol. 29, 155-173, 1962.
[4] Barrett, S., "Economic Growth and Environmental Preservation," *Journal of Environmental Economics and Management*, vol. 23, 289-300, 1992.
[5] Barro, R. J., *Macroeconomics*, 4th ed., New York, Wiley, 1993.
[6] Barro, R. J. and X. Sala-i-Martin, *Economic Growth*, McGraw-Hill, 1995.（大住圭介訳『内生的経済成長論 Ⅰ，Ⅱ』九州大学出版会，1997，1998.）
[7] Beltratti, A., G. Chichilnisky, and G. M. Heal, "Sustainable Growth and the Green Golden Rule," in Goldin and Winters (eds.) *Approaches to Sustainable Economic Development*, Cambridge University Press for the OECD, 147-172, 1993.
[8] Beltratti, A., G. Chichilnisky, and G. M. Heal, "Sustainable Use of Renewable Resources," Working Paper, 1996.
[9] Bovenberg, A. L. and S. Smulders, "Environmental Quality and Pollution-Augmenting Technological Change in a Two-Sector Endogenous Growth Model," *Journal of Public Economics*, vol. 57, 369-391, 1995.
[10] Byrne, M. M., "Is Growth a Dirty World? Pollution, Abatement and Endogenous Growth," *Journal of Development Economics*, vol. 54, 261-284, 1997.
[11] Canrad, K., "Taxes and Subsidies for Pollution-Incentive Industries as Trade Policy," *Journal of Environmental Economics and Management*, vol. 25, 121-135, 1993.
[12] Cass, D., "Optimum Growth in an Aggregative Model of Capital Accumulation," *Review of Economic Studies*, vol. 32, 233-240, 1965.
[13] Copeland, B. R. and M. S. Taylor, "North-South Trade and the Environment," *Quarterly Journal of Economics*, vol. 109, 755-787, 1994.
[14] Copeland, B. R. and M. S. Taylor, "Trade and Transboundary Pollution," *American Economic Review*, vol. 85, 716-737, 1995.
[15] Dasgupta, P. and G. M. Heal, *Economic Theory and Exhaustible Resources*, Cambridge University Press, 1979.
[16] Dernburg, T. F. and D. M. McDougall, *Macroeconomics*, McGraw-Hill, 1972.（大

熊一郎・加藤恵訳『マクロ経済学』好学社, 1974.)
- [17] Devaney, R. L., *An Introduction to Chaotic Dynamical Systems*, 2nd ed., Addison-Wesley, 1989.(後藤憲一訳『カオス力学系入門 第2版』共立出版, 1990.)
- [18] Dinopoulos, E. and P. Thompson, "Schumpeterian Growth without Scale Effects," *Journal of Economic Growth*, vol. 3, 313-335, 1998.
- [19] Dixit, A. K. and J. E. Stiglitz, "Monopolistic Competition and Optimum Product Diversity," *American Economic Review*, vol. 67, 297-308, 1977.
- [20] Elbasha, E. H. and T. L. Roe, "On Endogenous Growth : The Implications of Environmental Externalities," *Journal of Environmental Economics and Management*, vol. 31, 240-268, 1996.
- [21] Ethier, W. J., "National and International Increasing Returns to Scale in the Modern Theory of International Trade," *American Economic Rewiew*, vol. 72, 389-405, 1982.
- [22] Evans, G., S. Honkapohja, and P. M. Romer, "Growth Cycles," Working Paper (NBER No. 5659), 1999.
- [23] Feller, W., *An Introduction to Probability Theory and its Applications*, 2nd ed. New York : Wiley, 1957.(河田竜夫監訳『確率論とその応用(上),(下)』紀伊國屋書店,(上)1960,(下)1961.)
- [24] Field, B. C., *Environmental Economics: An Introduction*, 2nd edition, McGraw-Hill, 1997.(秋田次郎・猪瀬秀博・藤井秀昭訳『環境経済学入門』日本評論社, 2002.)
- [25] Gradus, R. and S. Smulders, "The Trade-off Between Environmental Care and Long-Term Growth-Pollution in Three Prototype Growth Models," *Journal of Economics*, vol. 58, 25-51, 1993.
- [26] Grimaud, A., "Pollution Permits and Sustainable Growth in a Schumpeterian Growth Model," *Journal of Environmental Economics and Management*, vol. 38, 249-266, 1999.
- [27] Grossman, G. M. and E. Helpman, *Innovation and Growth in the Global Economy*, MIT Press, 1991.(大住圭介監訳『イノベーションと内生的経済成長——グローバル経済における理論分析——』創文社, 1998.)
- [28] Grossman, G. M. and A. B. Krueger, "Economic Growth and the Environment," *Quarterly Journal of Economics*, vol. 110, 353-377, 1995.
- [29] Hagem, C., "Joint Implementation under Asymmetric Information and Strategic Behavior," *Environmental and Resource Economics*, vol. 8, 431-447, 1996.
- [30] Hotelling, H., "The Economics and Exhaustible Resources," *Journal of Political Economy*, vol. 39, 137-175, 1931.
- [31] Inada, K., "On a Two-Sector Model of Economic Growth : Comments and a Generalization," *Review of Economic Studies*, vol. 30, 119-127, 1963.
- [32] Johansen, L., *Public Economics*, Oslo University Press, 1964.(宇田川璋仁訳『公共経済学』好学社, 1970.)
- [33] Jones, C. I., "R & D-Based Models of Economic Growth," *Journal of Political*

Economy, vol. 103, 759-784, 1995.
[34] Kaldor, N., "Capital Accumulation and Economic Growth," in F. Lutz (ed.) *The Theory of Capital*, London, Macmillan, 1961.
[35] Kolstad, C. D., *Environmental Economics*, Oxford University Press, 1999.（細江守紀・藤田敏之監訳『環境経済学入門』有斐閣，2001.）
[36] Koopmans, T. C., "On the Concept of Optimal Economic Growth," in *The Econometric Approach to Development Planning*, North Holland, 1965.
[37] Krautkraemer, J. A., "Optimal Growth, Resource Amenities and the Preservation of Natural Environments," *Review of Economic Studies*, vol. L II, 153-170, 1985.
[38] Kuznetz, S., "Economic Growth and Income Inequality," *American Economic Review*, vol. 45, 1-28, 1955.
[39] Lerner, A. P., "The Concept of Monopoly and the Measure of Monopoly Power," *Review of Economic Studies*, vol. 1, 157-175, 1934.
[40] Li, C. W., "Growth and Output Fluctuations," Working Paper, 1998.
[41] Li, T. Y. and J. A. York, "Period Three Implies Chaos," *American Mathematical Monthly*, vol. 82, 985-992, 1975.
[42] Lucas, R. E. Jr., "On the Mechanics of Economic Development," *Journal of Monetary Economics*, vol. 22, 3-42, 1988.
[43] Maddison, A., *Monitoring the World Economy 1820-1992*, OECD, Paris, 1995.（金森久雄監訳/㈶政治経済研究所訳『世界経済の成長史 1820〜1992――199カ国を対象とする分析と推計――』東洋経済新報社，2000.）
[44] Mankiw, N. G., D. Romer, and D. N. Weil, "A Contribution to the Empirics of Economic Growth," *Quarterly Journal of Economics*, vol. 107, 407-437, 1992.
[45] Matsuyama, K., "Growing through Cycles," *Econometrica*, vol. 67, 335-347, 1999.
[46] Mattoo, A. and H. V. Singh, "Eco-Labelling : Policy Considerations," *KYKLOS*, vol. 47, 53-65, 1994.
[47] Michel, P. and G. Rotillon, "Disutility of Pollution and Endogenous Growth," *Environmental and Resource Economics*, vol. 6, 279-300, 1995.
[48] Mohtadi, H., "Environment, Growth, and Optimal Policy Design," *Journal of Public Economics*, vol. 63, 119-140, 1996.
[49] Osumi, K., "Global Asymptotic Convergence of Optimal Time-Path in Renewable Resource Problem," *Keizaigaku=Kenkyu*, vol. 64（Nos. 5-6), 203-214, 1998.
[50] Ramsey, F., "A Mathematical Theory of Saving," *Economic Journal*, vol. 38, 543-559, 1928.
[51] Rebelo, S., "Long-Run Policy Analysis and Long-Run Growth," *Journal of Political Economy*, vol. 99, 500-521, 1991.
[52] Romer, P. M., "Increasing Returns and Long-Run Growth," *Journal of Political Economy*, vol. 94, 1002-1037, 1986.
[53] Romer, P. M., "Endogenous Technological Change," *Journal of Political Economy*, vol. 98, S71-S102, 1990.
[54] Rosendahl, K., "Does Improved Environmental Policy Enhance Economic

Growth?" *Environmental and Resource Economics*, vol. 9, 341-364, 1996.
[55] Samuelson, P. A., *Foundations of Economics Analysis*, 2nd ed., Cambridge, Harvard University Press, 1965.（佐藤隆三訳『経済分析の基礎』勁草書房, 1967.）
[56] Schultz, T. W., "Investment in Human Capital," *American Economic Review*, vol. 51, 1-17, 1961.
[57] Schumpeter, J. A., *The Theory of Economic Development*, Cambridge MA, Harvard University Press, 1934.（中川伊知郎・東畑精一訳『経済発展の理論』岩波書店, 1951.）
[58] Segerstorm, P. S., "Innovation, Imitation and Economic Growth," *Journal of Political Economy*, vol. 99, 807-827, 1991.
[59] Segerstorm, P. S., "Endogenous Growth without Scale Effects," *The American Economic Review*, vol. 88, 1290-1310, 1998.
[60] Selden, T. M. and D. Song, "Environmental Quality and Development: Is There a Kuznets Curve for Air Pollution Emissions?" *Journal of Environmental Economics and Management*, vol. 27, 147-162, 1994.
[61] Sheshinski, E., "Optimal Accumulation with Learning by Doing," in K. Shell (ed.) *Essays on the Theory of Optimal Economic Growth*, Cambridge MA, MIT Press, 31-52, 1967.
[62] Solow, R. M., "A Contribution to the Theory of Economic Growth," *Quarterly Journal of Economics*, vol. 70, 65-94, 1956.
[63] Stokey, N. L., "Are There Limits to Growth?" *International Economic Review*, vol. 39, 1-32, 1998.
[64] Swan, T. W., "Economic Growth and Capital Accumulation," *Economic Record*, vol. 32, 334-361, 1956.
[65] Tahvonen, O. and J. Kuuluvainen, "Economic Growth, Pollution, and Renewable Resources," *Journal of Environmental Economics and Management*, vol. 24, 101-118, 1993.
[66] Turner, R. K., D. Pearce, and I. Bateman, *Environmental Economics : An Elementary Introduction*, Harvester Wheatsheaf, 1994.（大沼あゆみ訳『環境経済学入門』東洋経済新報社, 2001.）
[67] Uzawa, H., "Optimal Technical Change in an Aggregative Model of Economic Growth," *International Economic Review*, vol. 6, 18-31, 1965.
[68] Wirl, F., C. Huber, and I. O. Walker, "Joint Implementation : Strategic Reactions and Possible Remedies," *Environmental and Resource Economics*, vol. 12, 203-224, 1998.
[69] World Bank, *World Development Report 1992 : Development and the Environment*, The World Bank, 1992.
[70] Xie, D., "An Endogenous Growth Model with Expanding Ranges of Consumer Goods and Producer Durables," *International Economic Review*, vol. 39, 439-460, 1998.
[71] Young, A., "Growth without Scale Effects," *Journal of Political Economy*, vol.

106, 41-63, 1998.
[72] Zhang, J., "Environmental Sustainability, Nonlinear Dynamics and Chaos," *Economic Theory*, vol. 14, 489-500, 1999.
[73] 赤尾健一「持続可能な発展と環境クズネッツ曲線——最近の経験的および理論的研究の紹介——」, 中村愼一郎編『廃棄物経済学を目指して』早稲田大学出版部, 52-79, 2002.
[74] 浅子和美・國則守生・松村敏弘「地球温暖化と国際協調」, 宇沢弘文・國則守生編『制度資本の経済学』東京大学出版会, 231-261, 1995.
[75] 天野明弘『環境経済研究』有斐閣, 2003.
[76] 環境省編『環境白書』ぎょうせい, 名年度版.
[77] 柴田弘文『環境経済学入門』東洋経済新報社, 2002.
[78] 高村ゆかり・亀山泰子編『京都議定書の国際制度』信山社, 2002.
[79] 中山茂・後藤邦夫・吉岡斉責任編集『通史 日本の科学技術(2)』学陽書房, 1995.
[80] 日本経済新聞, 2000年6月27日.
[81] 藤田康範「共同実施成立のための諸条件の検討」, 環境経済・政策学会第2回大会報告論文, 1997.
[82] 細田衛士『グッズとバッズの経済学：循環型社会の基本原理』東洋経済新報社, 1999.
[83] 松岡俊二・松本礼史「アジアの経済成長とエネルギー・環境問題」, 環境経済・政策学会編『アジアの環境問題』東洋経済新報社, 111-122, 1998.

索　引

あ行

R＆D
　R＆Dの生産性→「生産性」の欄を参照。
　R＆D部門における生産関数→「生産関
　　数」の欄を参照。
　R＆Dを伴う経済成長モデル　15
　環境保全のためのR＆D　225
Aghion, P.　1, 41, 97
Arrow, K. J.　20
安定性　37, 65, 79, 95-96
位相図　93
一酸化二窒素　167
稲田条件　6, 23
イノベーション　1-2, 13-15, 41-42, 97, 125, 193, 220-222
　プロセス・イノベーション　15, 42, 97, 125, 221, 225
　プロダクト・イノベーション　15, 35, 43, 97, 125, 221, 225
Uzawa, H.　3, 150
　Uzawa-Lucasモデル　150
AKモデル　70, 82, 90, 183
越境汚染　3, 167, 169, 224
横断性条件　25, 28
応用工学　13, 20
汚染
　汚染税　71, 82, 103, 122, 131, 211
　汚染に対する規制水準　72, 100, 126, 155, 170, 179, 182, 194, 221
　汚染の除去割合　194
　汚染のストック　4, 193-196
　汚染のフロー　4, 78, 194-196
　汚染の変化率　81, 103, 130, 158, 196
　環境汚染→「環境汚染」を参照。
温室効果ガス　69-70, 167-169

か行

科学技術　13, 20, 222
Kaldor, N.　8, 219
Cass, D.　7
環境ODA　174
環境汚染　1-4, 92, 97, 121-122, 125-126, 149, 162, 193, 222-223
環境クズネッツ曲線　70, 77, 82, 91, 98, 121, 130, 146, 163, 196, 221
環境省（旧環境庁）　174, 227
環境政策→「政策」欄を参照。
環境の外部性, 環境汚染の外部性　1-2, 28, 69, 92, 97-98, 102, 121-122, 125-126, 139, 145-146, 149-150, 156-157, 167, 219
環境ホルモン　3, 150, 159-163
　環境ホルモン型汚染　149, 150, 159-163
気候変動枠組み条約　168
技術
　科学技術→「科学技術」を参照。
　技術進歩→「技術進歩」を参照。
　技術の指標　71-77
技術進歩　2-11, 13 14, 91-92, 97, 125, 193, 197, 219
　外生的な技術進歩　2-3, 80, 90, 92, 103, 193
規模の効果　27, 154
教育
　教育部門の生産関数　152

職能教育　3
高等教育　3, 15, 149, 220
共同実施　70, 168-169
共同達成（バブル）　168
京都議定書　168
Koopmans, T. C.　7
Kuznetz, S.　70
　環境クズネッツ曲線→「環境クズネッツ曲線」を参照。
Gradus, R.　2, 70, 88, 92, 159
　Gradus and Smulders モデル　88, 98, 135
グリーンGDP　226
Clean Development Mechanism (CDM)　70, 168-169
Krueger, A. B.　70
Grossman, G. M.　1, 14-15, 19, 41, 70
経済産業省　175
経済成長
　経済成長のプロセスにおける定型化された事実　8, 219
　内生的経済成長→「内生的成長」を参照。
　研究・開発→「R&D」を参照。
限度価格　48
減耗
　資本減耗率　197
　資本の減耗　17
公害　11, 69, 149
　公害型汚染　150-163
公共知識資本　19, 36, 221
枯渇性資源　69
国際的な協調　4, 70, 167, 172-180, 182-187
国際的な罰金制度　180

さ行

再生可能資源　69, 224
再生能力
　自然の再生能力　195
再生不可能資源　69
最先端製品（state of the art）　44-58, 126-127, 206
砂漠化　69
Sala-i-Martin, X.　1, 3, 5, 8, 9, 14-15, 19, 41, 154
持続可能な成長　1-2, 5, 82, 97, 133, 219
社会的計画者　28, 57, 74, 100, 127, 153, 172
社会的最適状態，社会的に最適な状態　28, 57
シャドー・プライス　24
　シャドー・プライスの挙動　93
就学率　3
自由参入条件　22, 52, 106, 202, 209
囚人のジレンマ　179
集約度
　（研究の）集約度　49-51
主観的割引率　23
Schumpeter, J. A.　42
　ネオ・シュンペータリアン・モデル　42-43, 125, 131, 208
省エネ　2-4, 72-75, 98, 126, 172, 191
食糧問題　69
新古典派
　新古典派の生産関数→「生産関数」の欄を参照。
　新古典派の成長モデル→「成長」の欄を参照。
人的資本　3, 28, 149-150, 220
　人的資本を伴う経済成長モデル　150
森林破壊　11
Stiglitz, J. E.　16
Stokey, N. L.　2, 70-71, 97, 125, 193
　Stokey モデル　71, 98
Smulders, S.　2, 70, 88, 92, 159
Swan, T. W.　6
静学モデル　71
政策

(R＆Dに対する) 課税政策　62-63, 142
(R＆Dに対する) 助成政策　33, 62-63, 109, 142, 204
汚染に対する課税政策　121, 135, 212
環境政策　2-4, 12, 71, 82, 97, 108, 187, 219
産業政策　33, 108, 135, 204, 211
成長促進的な政策　118-119, 124
政府の政策　62, 221
生産関数
　R＆D部門における生産関数　19
　コブ＝ダグラス型の生産関数　9
　新古典派的な, 新古典派の生産関数　6, 9, 219
　人的資本の生産関数　152
生産性
　R＆D部門における生産性　19, 35, 56, 64, 114, 121, 198
　教育部門における生産性　3, 152, 159
成長
　経済成長→「経済成長」を参照。
　新古典派の成長モデル　2, 8-10, 13, 97
　内生的経済成長→「内生的経済成長」を参照。
Seldon, T. M.　70, 77
潜在的な産出量　71
創造的破壊　42, 43, 135
Solow, R. M.　6
　ソロー＝スワンの成長モデル　6, 7
Song, D.　70, 77

た行
ダイオキシン　150-151
炭素税　83
弾力性
　異時点間の代替の弾力性　23
　(中間財間の) 代替の弾力性　16

地球温暖化　11, 69, 167, 223
蓄積方程式
　資産の蓄積方程式　23
　資本の蓄積方程式　37
　人的資本の蓄積方程式　155
直接規制　82, 84-87, 104, 131, 172, 222
Dixit, A. K.　16
ティンバーゲンの定理　109
定常状態
　定常状態均衡　25, 107, 203
　定常状態における成長率　26, 55, 107, 134, 154, 157, 161
　定常状態 (の定義)　25

な行
内閣府　12
内生的成長 (内生的経済成長)　1, 8, 10, 13, 41, 97-98, 149, 219
ナッシュ均衡　179, 184, 191
二酸化炭素 (CO_2)　167
二部門成長モデル　149, 162

は行
廃棄物　3, 12, 223
排出許可証　3, 71, 83-87, 103, 131, 187-191, 222
ハミルトニアン
　カレント・バリュー・ハミルトニアン (current value Hamiltonian)　24, 29, 53, 58, 78, 81, 84, 86, 88
バラエティー拡大モデル　13-14, 42, 98, 212
パレート改善　173, 184
Barro, R. J.　1, 3, 5, 8, 9, 14-15, 19, 41, 154
非ポンザ条件　22, 51, 106, 134, 202, 209
品質上昇モデル　41-43, 125-126, 205
品質の梯子 (quality ladder)　41, 43, 52

閉鎖経済　　71, 167, 223
Helpman, E.　　1, 14-15, 19, 41
ポアソン分布　　54
Howitt, P.　　1, 41, 97

ま行

無差別曲線　　32-33, 61-62
メタン　　167

や・ら・わ行

要素蓄積　　4, 11, 13, 69, 219

ラーニング・バイ・ドゥーイング　　20
Ramsey, F.　　7, 89, 92
利潤破壊効果　　42
リバース・エンジニアリング　　49
累積分布関数　　50
累積密度関数　　50
Lucas, R. E. Jr.　　3, 150
労働市場均衡条件　　26, 55, 107, 134
Romer, P. M.　　1, 10, 14, 19
World Bank　　77

〈著者略歴〉

伊ヶ崎 大理（いかざき・だいすけ）
1974年　神奈川県に生まれる。
2001年　九州大学大学院経済学研究科博士課程修了。
　　　　九州大学博士（経済学）取得。
同　年　九州大学大学院経済学研究院助手。
2002年　熊本学園大学経済学部講師，現在に至る。

ちきゅうかんきょう　　ないせいてきけいざいせいちょう
地球環境と内生的経済成長
──マクロ動学による理論分析──

2004年3月31日　初版発行

著　者　　伊ヶ崎　大　理
発行者　　福　留　久　大
発行所　　㈶九州大学出版会
　　　　　〒812-0053　福岡市東区箱崎7-1-146
　　　　　　　　　　　九州大学構内
　　　　　　　電話 092-641-0515（直通）
　　　　　　　振替 01710-6-3677
印刷／九州電算㈱・大同印刷㈱　製本／篠原製本㈱

© 2004 Printed in Japan　　　　　ISBN4-87378-819-6

〈経済工学シリーズ・第2期〉
経済成長分析の方法
——イノベーションと人的資本のマクロ動学分析——

大住圭介 著　　　　　　　　　　B 5 判 332頁 3,200円

最近，国際競争力を回復させる構造改革，特に，イノベーションとそれを支える教育改革が強調されている。このような問題は，長期的かつ動態的なパースペクティブに立った経済分析の確立を必要としている。本書を通読・読了すれば最近の成長論に関する包括的な知識と素養を習得することができる。

内生的経済成長論 I・II
R. J. バロー，X. サラ-イ-マーティン／大住圭介 訳

　　　　　　　　　A 5 判（I）408頁（II）416頁 各 5,600円

本書は，現在，経済学のうちで最も活気のある研究領域「内生的成長論」に関する優れた文献である。既存の成長理論を内生的成長論との関連で位置づけ，理論研究と実証的研究の統合が企図されている。訳書は，ほとんどの章に，数式の導出過程を含む多数の訳注を付している。

経済成長の決定要因——クロス・カントリー実証研究——
R. J. バロー／大住圭介・大坂　仁 訳

　　　　　　　　　　　　　　　A 5 判 132頁 2,400円

約100ヵ国における1965年以降の経済成長に関する実証分析から経済成長の要因を探求。また，経済成長と民主主義，インフレと経済成長の関連についても実証的に分析・検討を行う。

経済計画の理論
G. M. ヒール／大住圭介 訳　　　　A 5 判 290頁 4,800円

本書では，経済計画全般にわたる議論の後に，計画の問題が時間的ヒエラルヒーとしてとらえられ，短期の経済計画の理論，長期の経済計画の理論が包括的かつ一貫した体系で展開されている。経済理論の研究を志す学生，研究者，および開発計画に携わっている者にとって，理論的基礎を身につけるうえで，必読の書。

Economic Planning and Agreeability
——An Investigation of Agreeable Plans in a General Class of Dynamic Economic Models——

大住圭介 著　　　　　　　　　　菊判 232頁 3,800円

本書では，合理的な長期経済計画の純理論上の分析的側面に関して厳密な理論的基礎を提供するために，アグリーアブル・プランという現実的なプランが数理的に分析され，しかも導出された種々の帰結が公理的かつ整合的に展開されている。

（表示価格は税別）　　　　　　　　九州大学出版会刊